DK 621.881.4

FORSCHUNGSBERICHTE
DES LANDES NORDRHEIN-WESTFALEN

Herausgegeben durch das Kultusministerium

Nr. 742

Dr.-Ing. Eginhard Barz

Verein zur Förderung von Forschungs- und Entwicklungsarbeiten
in der Werkzeugindustrie e. V., Remscheid

Schneideigenschaften von schneidenden Zangen und Prüfverfahren

Als Manuskript gedruckt

WESTDEUTSCHER VERLAG / KÖLN UND OPLADEN

1959

ISBN 978-3-663-04121-4   ISBN 978-3-663-05567-9 (eBook)
DOI 10.1007/978-3-663-05567-9

Gliederung

Einleitung .... S. 5

1. Der Trennvorgang, grundsätzliche Erwägungen .... S. 7
   1.1 Kräfte an der Schneide .... S. 7
   1.2 Kräfteverhältnisse im Werkstoff beim Schneiden .... S. 8
   1.3 Schneidenanordnung (Zusammenwirken beider Schneiden) . S. 9

2. Prüfverfahren und Richtwerte für die Schneidfähigkeit ... S. 15
   2.1 Vorversuche .... S. 15
      Prüfprinzip und Prüfbedingungen .... S. 15
      Ermittlung der Handkraft .... S. 16
      Zangenprüfeinrichtung .... S. 16
      Eichung der Kraftmeßeinrichtung .... S. 18
   2.2 Zangenprüfgerät .... S. 19
   2.3 Versuchsergebnisse .... S. 20
      Seitenschneider .... S. 20
      Vorschneider .... S. 20

3. Prüfverfahren und Eicheinrichtung für Norm-Prüfdrähte ... S. 21
   3.1 Drahteigenschaften und bisherige Prüfmethoden .... S. 21
   3.2 Prüfverfahren für Norm-Prüfdrähte .... S. 23
      3.21 Prüfgerät für die Trennkraft .... S. 23
      3.22 Prüfverfahren für die technologische Gleichheit
           der Drähte .... S. 24
   3.3 Versuchsergebnisse .... S. 25
      3.31 Voruntersuchung der Prüfdrähte .... S. 25
      3.32 Untersuchung der Prüfdrähte .... S. 28
         Trennwiderstand .... S. 29
         Prüfung der Drähte auf technologische Gleichheit ... S. 30
         Genauigkeit der Trennkraftprüfung .... S. 31
         Zusammenhang der Prüfwerte bei der Draht- und
         Zangenprüfung .... S. 31
         Folgerungen .... S. 34

4. Prüfverfahren für die Schneidhaltigkeit .... S. 35
   4.1 Prinzipien der Prüfverfahren .... S. 35
      4.11 Prüfung des Trennkraftaufwandes .... S. 35
      4.12 Prüfen des Drahteindruckes an der Schneide .... S. 37
      4.13 Prüfen der Schenkeldurchbiegung und der
           Lockerung im Gewerbe .... S. 38
      4.14 Prüfung des durch Reibung verursachten Kraft-
           aufwandes .... S. 38

4.2 Einzelheiten der ausgeführten Prüfeinrichtung . . . . . S. 38
    4.21 Antrieb . . . . S. 38
    4.22 Schreibeinrichtungen für Trennkraftaufwand,
         Reibungskraft, Änderung des Schenkelabstandes . S. 40
    4.23 Zangeneinspannung und Drahtvorschub . . . . S. 42
4.3 Versuchsergebnisse . . . . S. 43
    4.31 Trennkraftverlauf . . . . S. 44
    4.32 Änderung des Schenkelabstandes . . . . S. 44
    4.33 Papierschnittversuche . . . . S. 44

5. Einfluß der Schneidenform und der Ausbildung der
   Zangen auf die Schneideigenschaften . . . . S. 47
   5.1 Untersuchung der Einflüsse auf die Schneidfähigkeit . . S. 47
      5.11 Schneidenform . . . . S. 47
          Radius . . . . S. 49
          Keilwinkel . . . . S. 52
      5.12 Schneidenversetzung . . . . S. 53
      5.13 Kerbkraftverlauf . . . . S. 56
   5.2 Einfluß auf die Schneidhaltigkeit . . . . S. 58
      Änderung des Trennkraftaufwandes, des Schenkelab-
      standes, der Schneidenwinkel und -radien . . . . . . S. 58

6. Folgerungen für die Praxis . . . . S. 61

7. Zusammenfassung . . . . S. 63

8. Literaturverzeichnis . . . . S. 66

Einleitung

Für die Qualität schneidender Zangen, sowohl für die einfachen als auch für die hebelübersetzten, wie Seiten- und Vorschneider, sind im wesentlichen Schneidfähigkeit und Schneidhaltigkeit maßgebend. Wenn diese auch bei kontrollierter Fertigung innerhalb einer Losgröße normalerweise keine nennenswerten Abweichungen aufweisen, so wurde jedoch auf Grund von Vorversuchen festgestellt, daß bei schneidenden Zangen gleichen Typs verschiedener Losgrößen, insbesondere verschiedener Fabrikate, erhebliche Unterschiede auftreten, die u.a. auch noch von der Zahl der Trennungen abhängen. Der Grund für derart große Unterschiede ist in erster Linie in der Form der Schneiden, deren Härte und Zähigkeit sowie Oberflächengestalt zu suchen. Über zweckmäßige Schneidengestaltung bestehen allerdings gewisse, von Firma zu Firma jedoch unterschiedliche Vorstellungen.

Eine Grundvoraussetzung für die Beurteilung der genannten Qualitätskenngrößen (Schneidfähigkeit, Schneidhaltigkeit) ist die reproduzierbare Messung bzw. Registrierung des zum Trennen von Drähten bestimmten Durchmessers und bestimmter technologischer Eigenschaften erforderlichen Kraftaufwandes sowie der Verschleißerscheinungen an den Schneiden und in dem Gelenk, dem sogenannten "Gewerbe".

Die in der Praxis gebräuchliche Prüfung schneidender Zangen erfolgte bisher in der Weise, daß nach dem Durchdrücken der betreffenden Zange von Hand etwaige vom Drahteindruck hervorgerufene bleibende Eindrücke auf den Schneiden sowie die bleibende Deformation der ganzen Zange für die Beurteilung herangezogen wurden. Diese subjektive Prüfung hatte entscheidende Nachteile:

1. Sie lieferte keine Zahlenangaben für den Trennkraftaufwand.
2. Eine vergleichende Beurteilung war erschwert, weil
    a) die Hebelverhältnisse nicht beachtet wurden, die sich aus dem Abstand vom Gelenkmittelpunkt bis zur Schnittstelle auf der Schneide einerseits und bis zur Druckstelle auf dem Schenkel andererseits ergeben und
    b) bei der Schneidenprüfung nicht die gleichen Drahtsorten und Drahtdurchmesser verwendet wurden.
3. Selbst bei Verwendung von genormten Drähten (z.B. Klaviersaitendraht nach DIN 2076 Kl. II) wären bei Anwendung eines objektiven Prüfverfahrens für Zangen große Streuungen zu erwarten, da bestenfalls die Zugfestigkeit der Drähte - in verhältnismäßig weiten Grenzen

toleriert - festliegt, nicht aber die für die Prüfkraft mindestens ebenso maßgebliche Scherfestigkeit und die Härte des Drahtes.

Der Forschungsbericht befaßt sich mit folgenden Hauptfragen:

1. Grundsätzliche Untersuchung des Trennvorganges unter Berücksichtigung der vorkommenden Kraftverhältnisse und Schneidenanordnungen.
2. Ersatz der bisher subjektiven, manuellen Prüfung mit Drähten verschiedener Durchmesser und Eigenschaften durch ein objektives Prüfverfahren mit Drähten definierter Trenneigenschaften.

   Ermittlung von Richtwerten für die Prüfung der Schneidfähigkeit schneidender Zangen.
3. Entwicklung eines Prüfverfahrens und einer Eicheinrichtung für Normprüfdrähte.
4. Entwicklung eines Prüfverfahrens für die Schneidhaltigkeit schneidender Zangen.
5. Einfluß der Schneidenform und Ausbildung von Zangen auf die Schneideigenschaften.

Über die Klärung des technologischen Zusammenhanges hinaus werden im Rahmen der vorliegenden Arbeit erstmalig Prüfverfahren und -geräte für die Schneideigenschaften von schneidenden Zangen geschaffen, mit denen einerseits der Hersteller in der Lage ist, die Auswirkung jeder Änderung bei der Zangenherstellung, beispielsweise der Schneidenform, des Werkstoffes bzw. seiner Zusammensetzung oder einer Abänderung des Fabrikationsverfahrens auf die Schneidfähigkeit und Schneidhaltigkeit zu ermitteln. Andererseits wird dem Verbraucher ermöglicht, die Schneideigenschaften zu prüfen. Die Durchführung dieses grundsätzlichen Forschungsvorhabens wurde durch Zuschüsse von der Öffentlichen Hand ermöglicht, und zwar des Ministeriums für Wirtschaft und Verkehr des Landes Nordrhein-Westfalen (Schneideigenschaften) und des Bundeswirtschaftsministeriums (Prüfverfahren).

Im Interesse der Geschlossenheit der Darstellung wurde über diese versuchsmäßig sich klar unterscheidenden Teilberichte zusammenfassend berichtet.

Die für die Reihenuntersuchungen erforderlichen Werkzeuge stellten die Hersteller dem Institut für Werkzeugforschung zur Verfügung, in dem die Prüfgeräte entwickelt und gebaut sowie die Untersuchungen durchgeführt wurden.

Die Ergebnisse der nach den entwickelten Prüfverfahren durchgeführten Reihenuntersuchungen mit Zangen gängiger Größen wurden ausgewertet und fanden als Kerstück in den "Technischen Lieferbedingungen für schneidende Zangen" DIN 5240 ihren Niederschlag. Diese wurden vom Deutschen Normenausschuß auf Initiative des Vereins zur Förderung von Forschungs- und Entwicklungsarbeiten in der Werkzeugindustrie Remscheid, dem Träger des Instituts für Werkzeugforschung, aufgestellt.

1. Der Trennvorgang - grundsätzliche Erwägungen

1.1 Kräfte an der Schneide

Das Abtrennen (Abscheren) eines Werkstoffes mit schneidenden Handwerkzeugen bezeichnet man in der Praxis allgemein als Schneiden, obwohl es sich korrekt gesprochen um einen Beißvorgang handelt (Beißzange). Man kann mit einer oder mit zwei Schneiden trennen. In beiden Fällen gelten ähnliche Überlegungen.

Die Grundform der Schneide ist der Keil. Wird er mit gleichförmiger Geschwindigkeit in einen Werkstoff gedrückt, dann stellt sich bei symmetrischem Querschnitt das in Abbildung 1 dargestellte Kräftegleichgewicht ein. Auf die Schneide wirken: die äußere Kraft P, der Trennwiderstand P_{tr} des Stoffes gegen die Schneide, die Normalkräfte N auf die Keilflächen (Waten) und die dadurch hervorgerufenen Reibungskräfte $N \cdot \mu$ entlang den Keilflächen.

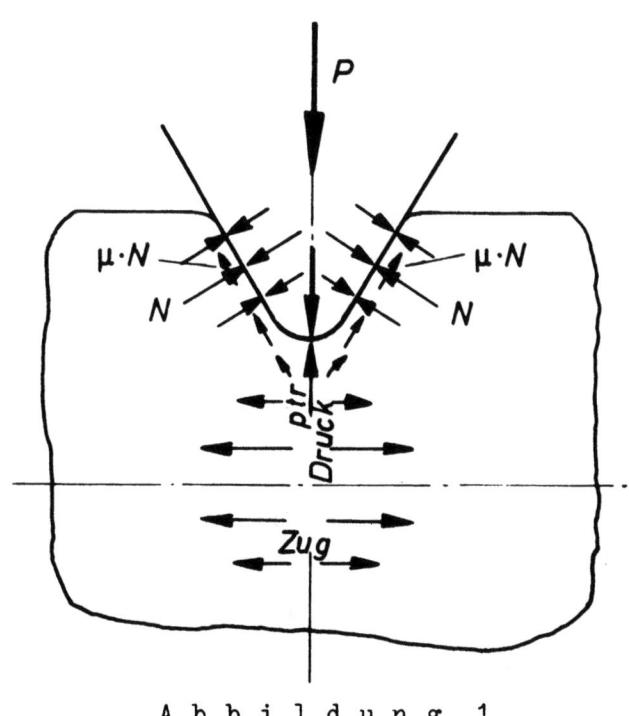

A b b i l d u n g 1
Kräfteverteilung beim Trennvorgang

1.2 Kräfteverhältnisse im Werkstoff beim Schneiden

Zunächst soll der Idealfall mit symmetrischen sich genau gegenüberstehenden Schneiden beim Trennen von Draht betrachtet werden.

Wird eine Schneide unter genügend großem Druck auf einen Werkstoff aufgesetzt, so treten zunächst Verformungen am Werkstoff auf, und zwar je nach der Plastizität entweder mit Gratbildung oder Einschnürungen. Das Trennen wird beim Überschreiten der für den jeweiligen Werkstoff zulässigen Schub- und Druckspannungen eingeleitet.

Je größer die Kraft P, um so mehr wird der prismatische Schneidenkörper in den weicheren Werkstoff eindringen, wobei der Werkstoff unmittelbar an der Schneide mehr und mehr auf Druck beansprucht wird. Diese Druckspannungen erzeugen in der Drahtmittelzone axiale Zugspannungen.

Bei weiterem Eindringen der Schneiden ändert sich die Verteilung der Druck- und Zugspannungen; durch die Keilwirkung nehmen die Zugspannungen in der Drahtmittelzone ständig zu (Abb. 2), bis die Zerreißgrenze überschritten wird und der Bruch je nach der Zähigkeit des Werkstoffes früher oder später erfolgt.

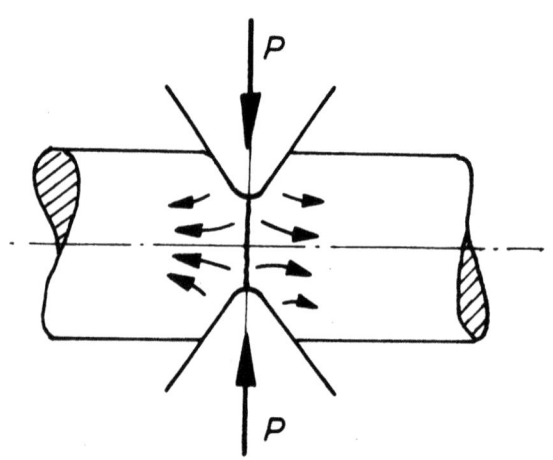

A b b i l d u n g   2
Kräfteverteilung kurz vor dem Trennen

Abbildung 3 zeigt die Trennflächen von einem Federstahldraht (DIN 2076 Kl. II), von einem Rundstahldraht (DIN 668) und von einem Kupferdraht. In allen Fällen erfolgte die Trennung mit den gleichen Schneiden (Keilwinkel $\beta = 60°$; Schneidenradius $r = 0,3$ mm).

Während bei den beiden ersten Drahtsorten der verschieden große Restquerschnitt abgesprengt wurde, ist der weiche Draht von den Schneiden bis auf eine schmale Quetschzone ganz durchgetrennt worden. Bei weichem Draht entspricht der Trennvorgang mehr dem Schneiden.

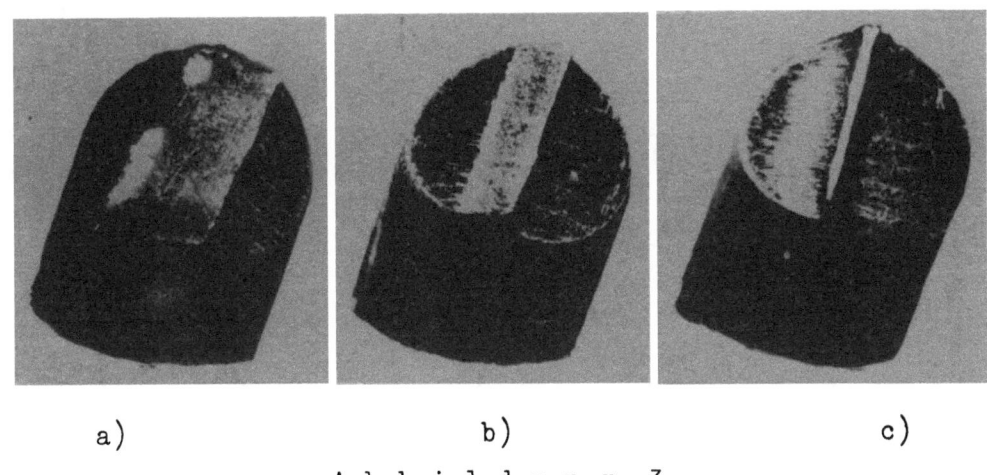

a) b) c)

Abbildung 3

Trennflächen von Drähten

a) federharter, b) mittelharter, c) weicher Draht

1.3 Schneidenanordnung (Zusammenwirken beider Schneiden)

In Abbildung 4 sind Schneiden, beispielsweise eines Seitenschneiders, beim Aufsetzen auf den zu trennenden Werkstoff in charakteristischen Beanspruchungsfällen dargestellt. Im Idealfalle a) stehen sich die beiden Schneiden genau gegenüber, ihre Keilwinkel β sind gleich und werden durch Trennkraft P halbiert. Die entgegengesetzt gerichteten Trennkräfte an beiden Schneiden liegen auf einer Geraden. In diesem Falle sind die auf die beiden Waten jeder Schneide wirkenden Kräfte gleich (symmetrische Beanspruchung). Die Schneide wird im Gegensatz zur Schneidbacke nicht auf Biegung beansprucht.

Im Falle b) stehen sich beide Schneiden ebenfalls gegenüber, jedoch sind die Watenwinkel β_1 und β_2 ungleich. Somit sind auch die auf die Waten wirkenden Kräfte verschieden; ihre resultierenden P' in beiden Schneiden bilden miteinander einen Winkel und sind größer als P im Idealfalle a). Die senkrecht zur Drahtmittellinie wirkende Komponente (nicht gezeichnet) von P' tritt als Trennkraft an der Schneide bzw. Trennkraftaufwand (an den Zangenschenkeln zum Trennen erforderliche Kraft) in Erscheinung und ist ebenfalls größer als die Trennkraft P im Falle a). Durch die parallel zur Drahtmittellinie wirkende Komponente von P' werden beide Schneiden in gleicher Weise zusätzlich ebenso wie die Schneidbacken auf Biegung beansprucht.

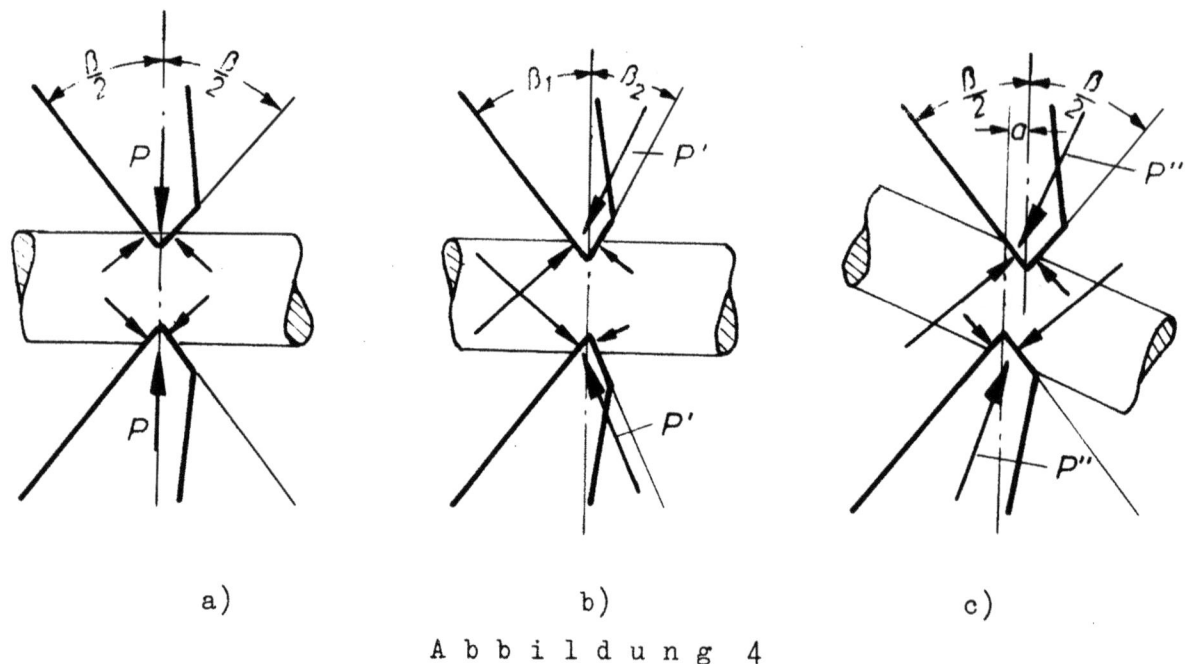

Abbildung 4
Kräfte an der Schneide
a) symmetrische, sich gegenüberstehende Schneiden
b) unsymmetrische, "   "   "   "   ($\beta_1 \neq \beta_2$)
c) im Abstand a versetzte Schneiden

Im Falle c) sind die gleichen symmetrischen Schneiden wie im Falle a) um den Betrag a versetzt. Dabei nimmt der Draht eine gegenüber den Schneiden schiefe Lage ein.

Noch ungünstiger liegen die Beanspruchungen, wenn die Watenwinkel β_1 und β_2 verschieden und die Schneiden versetzt sind. Bei Schneiden, die von Hand gefeilt werden, sind Keilwinkel, Watenwinkel, Schneidenradien usw. in den seltensten Fällen gleich, wie aus Untersuchungen gemäß Tabelle 1 hervorgeht. Bei längerer Benutzung kommt hinzu, daß das Gewerbe sich je nach Qualität und Beanspruchung der Zange früher oder später lockert und sich die Schneiden gegeneinander mehr oder weniger versetzen.

In der Praxis kommt eine Kombination der Fälle b) und c) (unsymmetrische, versetzte Schneiden) am häufigsten vor. Beim Schneiden ist auch zu beachten, daß sich die Schnittverhältnisse während des Schneidens ändern. Dabei bestehen zwischen Vorschneidern einerseits und Seitenschneidern andererseits grundsätzliche Unterschiede bezüglich des Schneidvorganges.

Bei Vorschneidern bleiben die Schneiden parallel zueinander, dagegen ändert sich die Richtung und Größe der resultierenden Kraft P, wie aus Abbildung 5 hervorgeht.

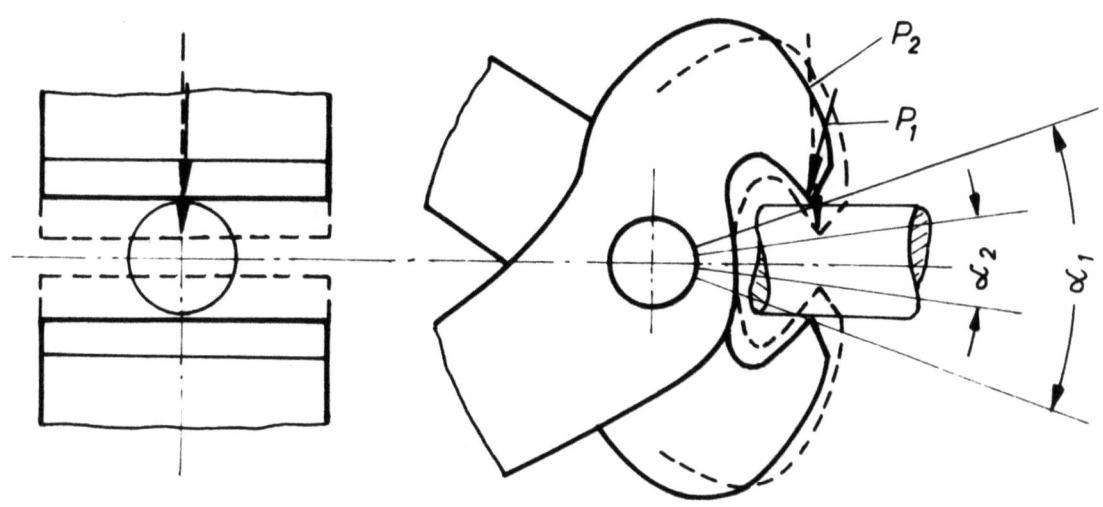

Abbildung 5
Kraftverhältnisse bei Vorschneidern

Die Kraftverhältnisse bei beginnendem (P_1; α_1) und bei fortgeschrittenem Trennvorgang (P_2; α_2) wurden skizzenhaft dargestellt.

Hinsichtlich der Kräfteverteilung liegt normalerweise der Fall gemäß Abbildung 4 b) vor. Mit zunehmendem Eindringen der Schneide wird die resultierende Kraft größer; ihre Richtung ändert sich grundsätzlich in dem durch die Pfeile gekennzeichneten Sinne. Der Idealfall der symmetrischen Schneidenbeanspruchung gemäß Abbildung 4 a) tritt zwischen den beiden gezeichneten Stellungen (Abb. 5) auf und ist als Sonderfall anzusehen.

Für die Praxis empfiehlt es sich, die Winkel an der Schneide so zu bemessen, daß bei dem für die betreffende Zangengröße härtesten Draht und größten Drahtdurchmesser das Trennen dann erfolgt, wenn beide Schneidenwinkel etwa gleich sind, d.h., wenn die Resultierende senkrecht zur Drahtmittellinie liegt. In diesem Falle sind Biegebeanspruchung und auch Trennkraft[1] am geringsten.

---

1. Trennkraft ist die zum Trennen des Drahtes erforderliche, an der Schneide auftretende Kraft; sie ist der Größe nach gleich dem Trennwiderstand des Drahtes

Im Gegensatz zu Vorschneidern bilden die Schneiden bei Seiten- und Bolzenschneidern normalerweise einen Winkel (α), abgesehen vom Grenzfall bei geschlossenen Schneiden. Dieser sogenannte Öffnungswinkel ist von der Einlegestelle des Drahtes, dessen Durchmesser und der Kerbtiefe (beim Trennen) abhängig (Abb. 6).

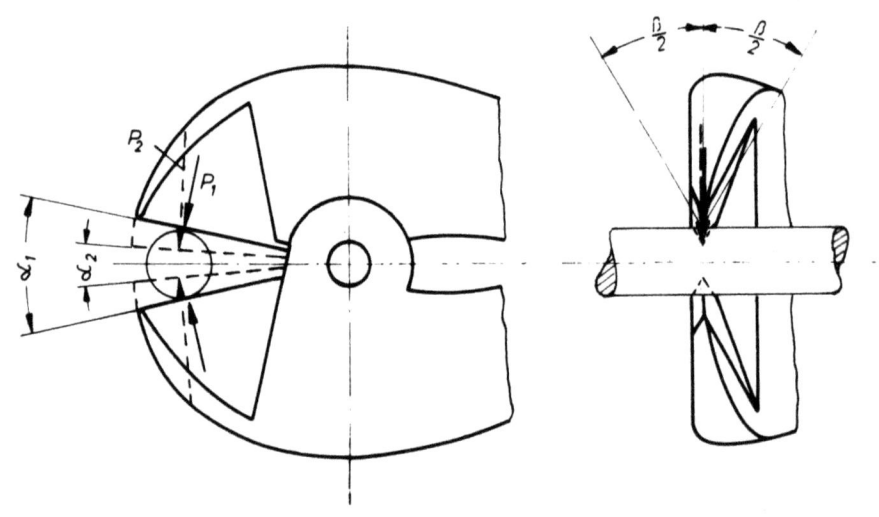

A b b i l d u n g   6
Kraftverhältnisse bei Hebelseitenschneidern

Im Idealfalle liegen die Trennkräfte P_1 bzw. P_2 in der Trennebene senkrecht zur Drahtmittellinie und halbieren den Schneidenkeilwinkel β. Die Kraftrichtung, bezogen auf die Schneiden, bleibt praktisch dieselbe.

Bei Lockerungen im Gewerbe oder nicht genauer Fertigung können die Schneiden mehr oder weniger versetzt sein. Es treten dann höhere Beanspruchungen der Schneide gemäß Abbildung 4 c) auf.

Da beide Schneiden miteinander einen Winkel bilden, sind die Spannungen im Draht auf der dem Gewerbe zugekehrten Seite wegen des tieferen Eindringens der Schneiden am größten. Der Bruch geht daher von dieser Seite aus, wobei der Draht vor dem Trennen auch eine seiner Zähigkeit entsprechende Krümmung erfährt.

Die Trennkraft P an der Schneide von Seiten- und Vorschneidern läßt sich nach den Hebelgesetzen aus dem von Hand ausgeübten Trennkraftaufwand P_H errechnen (Abb. 7):

$$P \cdot a = P_H \cdot b \qquad (1)$$

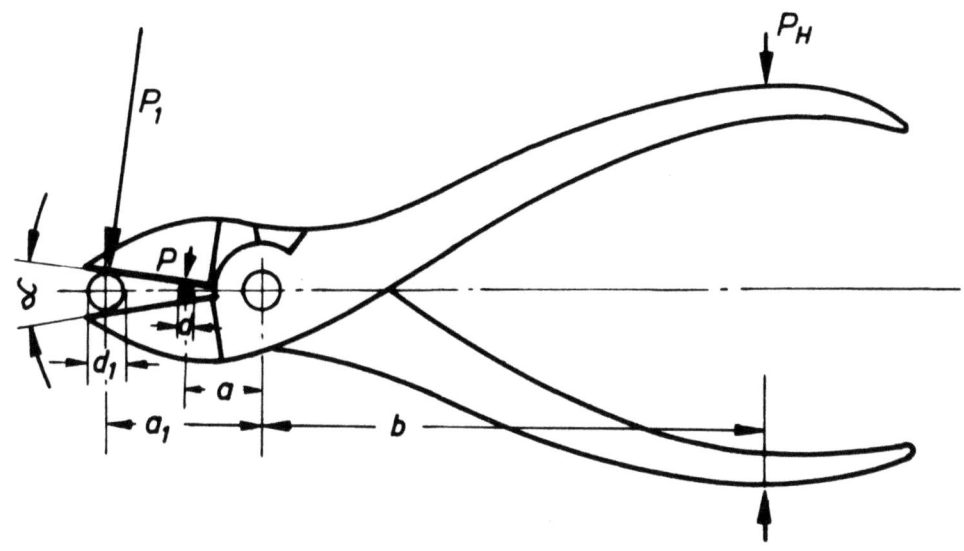

Abbildung 7
Hebelverhältnisse bei Seitenschneidern

Da die Trennkraft beim Einlegen des gleichen Drahtes an verschiedenen Stellen des Seitenschneiders praktisch konstant ist, muß P_H sich proportional mit a ändern, also wird bei doppeltem Abstand des Drahtes von dem Gewerbemittelpunkt auch der zum Trennen erforderliche Kraftaufwand doppelt so groß.

In der Gleichung (1) ist allerdings nicht die Reibung im Gewerbe berücksichtigt, die bei neuen Seitenschneidern, insbesondere aber bei Zangen mit mehrfachem Hebelübersetzungsverhältnis, zu beachten ist.

Unter Berücksichtigung der Reibung wird

$$P \cdot a = (P_H - R) \cdot b \qquad (2)$$

$$P = \frac{P_H - R \cdot b}{a} \qquad (3)$$

Bekanntlich lassen sich bei Seitenschneidern im Gegensatz zu Vorschneidern bei einem bestimmten Schneidenwinkel α Drähte mit verschiedenen nach der Spitze der Schneidbacken zunehmenden Durchmessern einlegen (Abb. 7), wobei sowohl das Hebelübersetzungsverhältnis für die größeren Durchmesser ungünstiger als auch gleichzeitig die Trennkraft größer werden, d.h., der Trennkraftaufwand wird also in doppeltem Sinne größer.

Wie in Abschnitt 3 über Normprüfdrähte nachgewiesen wird, wächst nun aber die Trennkraft P etwa proportional mit dem Drahtquerschnitt bzw. mit dem Quadrat des Drahtdurchmessers:

$$P = c \cdot \frac{\pi d^2}{4} \quad . \tag{4}$$

c ist eine werkstoffabhängige Konstante [kg/mm^2].

Setzt man P in die umgeformte Gleichung (1) ein, so wird:

$$P_H = \frac{P \cdot a}{b} = \frac{c \cdot \pi \cdot d^2}{4} \cdot \frac{a}{b} \quad . \tag{5}$$

Bei gleichem Winkel α zwischen den Schneiden hängen a und d linear zusammen: $a = c_1 \cdot d$. Wir können die Gleichung (5) auch schreiben:

$$P_H = \frac{c \cdot \pi \cdot d^2}{4} \cdot \frac{c_1 \cdot d}{b} = \frac{c \cdot c_1 \cdot \pi \cdot d^3}{4 \cdot b} \quad . \tag{6}$$

c_1 [kg/mm^2] ist eine vom jeweiligen Winkel α abhängige Konstante.

Bei gleichem Winkel zwischen den Schneiden ergeben sich für zwei beliebige Fälle mit den Drahtdurchmessern d und d_1 folgende tabellarisch gegenübergestellte Gleichungen:

Drahtdurchmesser	Abstand des Drahtes vom Gewerbemittelpunkt	Trennkraft (Gl. (4))	Trennkraftaufwand (Gl. (6))
d	$a = c_1 \cdot d$	$P = c \cdot \frac{\pi \cdot d^2}{4}$	$P_H = \frac{c \cdot c_1 \cdot \pi \cdot d^3}{4 \cdot b}$
d_1	$a_1 = c_1 \cdot d_1$	$P_1 = c \cdot \frac{\pi \cdot d_1^2}{4}$	$P_{H_1} = \frac{c \cdot c_1 \cdot \pi \cdot d_1^3}{4 \cdot b}$

Dividiert man die Gleichung P_H durch P_{H_1} so erhält man:

$$\frac{P_H}{P_{H_1}} = \frac{d^3}{d_1^3} \tag{7}$$

Die Gleichung (7) besagt, daß der Trennkraftaufwand sich bei gleichem Winkel α eines Seitenschneiders kubisch mit dem Drahtdurchmesser ohne Berücksichtigung der Reibung ändert (vgl. Abb. 39 und 40).

B e i s p i e l : Sollen zwei Drähte aus gleichem Werkstoff mit den Durchmessern d und $d_1 = 2d$ mit einem Seitenschneider getrennt werden, der der größtmöglichen Griffweite entsprechend geöffnet ist, so erfordert der Draht mit dem Durchmesser d_1 den achtfachen Trennkraftaufwand wie der Draht mit dem Durchmesser d, was durch Versuche bestätigt wurde.

Aus dieser Feststellung ergibt sich, daß sich Drähte mit dem für den maximalen Winkel zwischen den Schneiden möglichen größten Durchmesser praktisch nicht trennen lassen, da die Kräfte an der Schneide, die Beanspruchungen in den Schneidbacken und im Gewerbe sowie der Trennkraftaufwand unzulässig hohe Werte annehmen würden.

2. Prüfverfahren und Richtwerte für die Schneidfähigkeit

2.1 Vorversuche

Prüfprinzip und Prüfbedingungen

Beim Trennen von Drähten mit schneidenden Zangen wird die am Zangenschenkel aufgewendete Kraft im Augenblick des Trennens gemessen. Für die verschiedenen Zangengrößen sind Drähte mit bestimmten technologischen Eigenschaften und Durchmessern sowie bestimmte Hebelverhältnisse festgelegt.

Die Entwicklung eines nach vorstehendem Prüfprinzip arbeitenden Gerätes setzt die Kenntnis folgender Größen voraus:

1. Eigenschaften der Prüfdrähte
2. Zuordnung der Prüfdrahtdurchmesser zu den verschiedenen Zangengrößen und -klassen (für harten, mittelharten und weichen Draht)
3. Festlegung der Hebelverhältnisse für die verschiedenen Zangengrößen
4. Größe der verfügbaren Handkräfte

Da die in der Praxis angewandte subjektive manuelle Prüfung von Firma zu Firma unter verschiedenen Bedingungen, insbesondere hinsichtlich der Drahtdurchmesser und der Einlegestelle des Drahtes zwischen die Schneiden ausgeführt wurde, mußten zunächst aus Vorversuchen gewonnene vorläufige Richtwerte zu Punkt 1 bis 4 in Abstimmung mit Zangenherstellern festgelegt werden. Wegen der vergleichsweise größeren Bedeutung der Zangen für harten Draht wurden für die Vorversuche die allgemein üblichen Federstahldrähte nach DIN 2076 beschafft, deren technologische Eigenschaften zwar bei verschiedenen Durchmessern unterschiedlich, für bestimmte Durchmesser jedoch innerhalb gewisser Grenzen im Rahmen der tastenden Vorversuche hinreichend gleich sind. Die Eigenschaften von Normprüfdrähten und ihre Prüfung behandelt Abschnitt 3.

Für die Zuordnung der Drahtdurchmesser zu den verschiedenen Zangengrößen und -typen sowie für die Hebelverhältnisse wurden Mittelwerte
unter Zugrundelegung der bei den Firmen gebräuchlichen Werte ermittelt.

E r m i t t l u n g   d e r   H a n d k r a f t

Da über die Größe der von Hand ausübbaren Kräfte keine Angaben vorlagen
bzw. bekannt waren, wurde vorerst im Institut für Werkzeugforschung
die in Abbildung 8 dargestellte Meßeinrichtung gebaut.

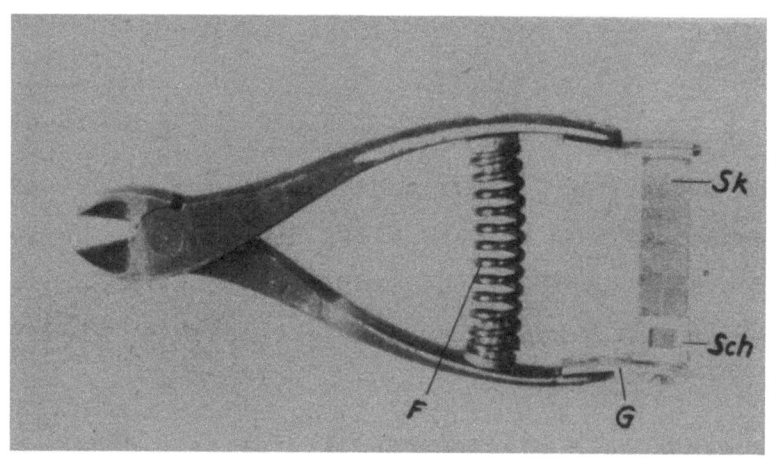

A b b i l d u n g   8
Handkraftprüfgerät

Beim Zusammendrücken der Schenkel bzw. der Feder F wird der Schlepp-
schieber Sch durch die an einem Schenkel befestigte Gabel G auf der am
anderen Schenkel befestigten Skala Sk verschoben. Im Schleppzeiger kann
dann die aufgewandte Kraft unmittelbar abgelesen werden. In einer Rei-
henuntersuchung, bei der sowohl männliche als auch weibliche Arbeits-
kräfte berücksichtigt worden sind, wurden verschiedene Meßergebnisse
erzielt, die in Abbildung 9 graphisch ausgewertet sind.

Es ergibt sich ein Mittelwert beim freien Schneiden mit einer Hand von
etwa 40 bzw. 30 kg, und zwar in Abhängigkeit vom Lebensalter, wobei
kräftemäßig durchschnittlich veranlagte Personen zur Messung herangezogen worden waren. Mit Unterstützung in der Hüfte oder beim Schneiden
mit zwei Händen liegen die Werte um etwa 50 % höher.

Z a n g e n p r ü f e i n r i c h t u n g

Nachdem die größtmögliche Handkraft ermittelt war, wurden Trennversuche mit einer behelfsmäßigen Zangenprüfeinrichtung durchgeführt, um
die Brauchbarkeit des Prüfprinzips zu erproben. Dabei kam es darauf an,

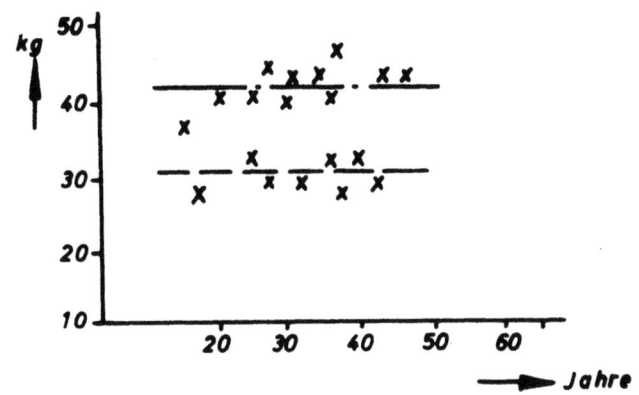

A b b i l d u n g 9

Handkräfte

Mittelwert: —·— bei Männern;   ——— bei Frauen

ob mit dem berechneten federnden Meßbalken, dessen Durchfederung mit einer gebräuchlichen Meßuhr mit 1/100 mm Skalenteilung angezeigt werden sollte, reproduzierbare und gut ablesbare Meßwerte für sowohl kleinen als auch großen Trennkraftaufwand erhalten werden konnten, und ob die Meßwerte auch bei längerer Benutzung gleich blieben.

Für die eigentliche Prüfung sind gewisse Vorbereitungen notwendig, die auch noch für die Zangenprüfung nach den Technischen Lieferbedingungen DIN 5240 ihre Gültigkeit haben. Zunächst wird die Zange an Hand einer für die gebräuchlichen schneidenden Zangen von 80 bis über 250 mm Gesamtlänge aufgestellten Tabelle mit acht Größenklassen eingestuft, in der außerdem die zugehörigen Prüfdrahtdurchmesser und die Hebelverhältnisse für das Einlegen des Prüfdrahtes in die Schneide und für den Kraftangriff auf den Schenkeln aufgeführt sind. Die Bestimmung der Zangengröße sowie das Markieren der Stellen, die für das Einlegen des Drahtes zwischen die Schneiden sowie für den Kraftangriffspunkt auf den Schenkeln jeweils in Frage kommen, erfolgt bei größeren Prüfmengen zweckmäßigerweise nach Schablonen.

Die so für die Prüfung vorbereitete Zange wird nun auf die Auflage (1) der Zangenprüfeinrichtung (Abb. 10) gelegt und die Spindel nach Einlegen des Prüfdrahtes zwischen die Schneiden angezogen.

Die Prüfeinrichtung ist an den Backen eines Parallelschraubstockes befestigt und besteht im wesentlichen aus den beiden Druckprismen (3) und (4), die zur Kraftübertragung an der örtlich auf den Zangenschenkeln genau bezeichneten Stelle dienen. Der verstellbare Anschlag (2) der

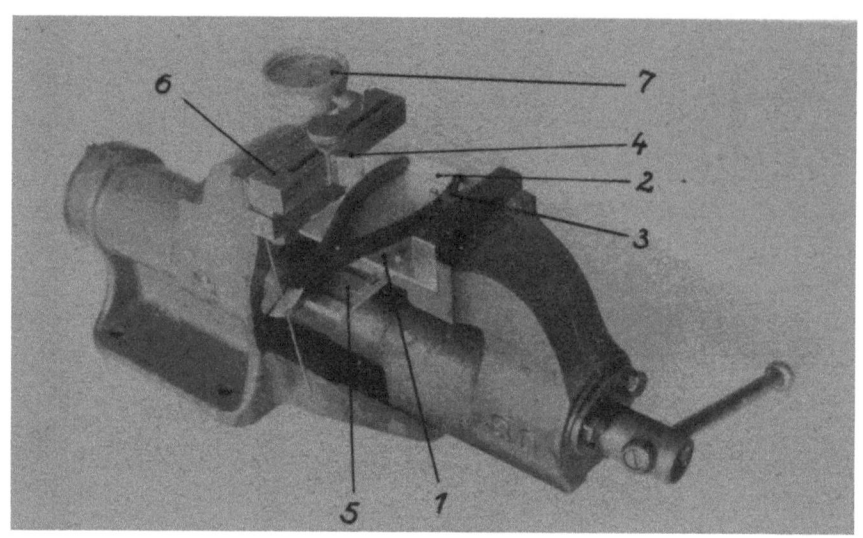

Abbildung 10
Zangenprüfeinrichtung

Auflage (1) sowie die Unterstützung des Zangenkopfes (5) werden vorher entsprechend der Zangenlage eingestellt.

Dann wird bei geöffneter Zange der Prüfdraht an der bezeichneten Stelle (Markierung) zwischen die Schneiden gelegt und die Backen des Schraubstockes mit der Spindel zugespannt.

Das Druckprisma (4) sitzt verstellbar auf dem federnden Schenkel der Kraftmeßeinrichtung (6), dessen Durchbiegung als Parameter für die Anzeige der Trennkraft durch die Meßuhr (7) ausgenutzt wird.

Bei gleichmäßigem Zudrehen der Spindel wird der Draht zunächst eingekerbt, wobei die Trennkraft gleichmäßig bis zu einem Haltepunkt ansteigt, bei dem dann das eigentliche Trennen des Drahtes nach weiterem Zudrehen der Spindel erfolgt. Wegen des Haltepunktes ist ein sicheres Ablesen an einer normalen Meßuhr ohne besonderen Schleppzeiger möglich.

Da nun aber die Durchbiegung des federnden Schenkels der Meßeinrichtung annähernd proportional der Druckkraft ist, wurden die parallel zu den Backen des Schraubstockes verstellbaren Prismen (3) und (4) so eingestellt, daß die Meßuhr (1/100 mm Teilung) die Druckkraft in kg anzeigt, d.h., daß 1/100 mm = 1 kg ist.

Eichung der Kraftmeßeinrichtung

Die Eichung wurde auf einer Vorrichtung nach dem Prinzip der Schnellwaage vorgenommen (Abb. 11a). Sie kann auch mit Hilfe einer Dezimal-

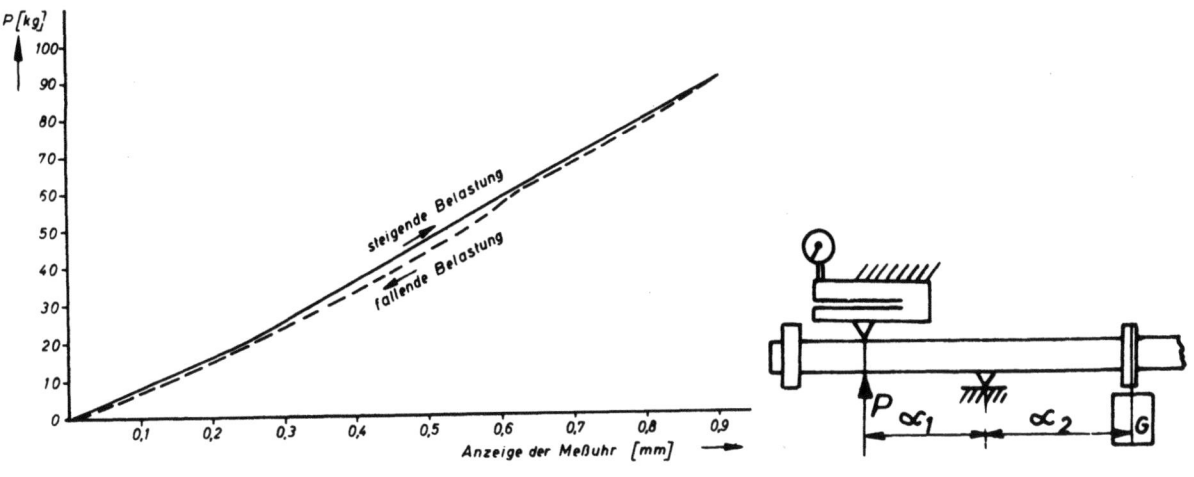

Abbildung 11
Eichkurve für die Kraft-Meßeinrichtung

Abbildung 11 a
Prinzip der Eichung

waage ausgeführt werden, wobei eine entsprechende Haltevorrichtung für die Kraftmeßeinrichtung erforderlich ist. Die Eichkurve zeigt Abbildung 11. Die Genauigkeit der angezeigten Druckkraftwerte beträgt $\pm 2\%$, wobei die Unsicherheit berücksichtigt ist, die durch das Anreißen der Schneiden und das Einstellen der Druckprismen an den Schenkeln sowie durch das Auflegen der Zange und Einlegen des Drahtes auftritt.

Da die Trennkräfte von Zangen mittlerer Güte von derselben Firma um 10 bis 20 % schwanken, genügt diese Genauigkeit für die Praxis.

2.2 Zangenprüfgerät

Die Zangenprüfeinrichtung wurde unter Beibehaltung des Prinzips und der Kraftprüfeinrichtung zu einem Betriebsprüfgerät (Abb. 12) weiterentwickelt.

Durch eine Zwieselschraube (8) wird der Prüfvorgang beschleunigt und außerdem erreicht, daß Zange und Prüfdraht ihre Lage beim Zusammendrehen der Backen praktisch nicht ändern.

Die Eichung des Prüfgerätes erfolgt wie bei der Prüfvorrichtung nach Abbildung 10. Für die von Zeit zu Zeit vorzunehmende Nachprüfung des Prüfgerätes ist ein geeichter Federdruckbolzen vorgesehen, der an Stelle der Zange zwischen die Druckprismen gelegt wird. Der Federdruckbolzen wird mit zwei Gewichten geeicht und weist entsprechende Strichmarken auf. Die Zangenprüfeinrichtung bzw. das Zangenprüfgerät wird mit diesen Federdruckbolzen bei den beiden Eichkräften geprüft. Dann werden die Druckprismen (3) und (4) gegebenenfalls nachgestellt, so daß die Anzeige der Meßuhr bei einem Meßweg von 1/100 mm wieder 1 kg Druckkraft entspricht.

Abbildung 12
Zangenprüfgerät

2.3 Versuchsergebnisse

Seitenschneider, Vorschneider

Der erforderliche Kraftaufwand für das Trennen von hartem Stahldraht nach DIN 2076 Kl. II wurde mit je 20 Seitenschneidern der verschiedenen gängigen Größen und Fabrikate bestimmt. Die Handkräfte sind im Diagramm für Seiten- und Vorschneider (Abb. 13) eingetragen.

Es fällt auf, daß die prozentualen Streuungen bei den einzelnen Fabrikaten sehr unterschiedlich sind (10 bis 40 %). Erwähnt sei, daß die Streuung bei wiederholtem Schnitt mit derselben Zange durchschnittlich nur 2 % beträgt. Somit ist das Prüfverfahren für den praktischen Gebrauch hinreichend genau.

Wegen der verhältnismäßig großen Streuungen des Kraftaufwandes können Federstahl-Drähte nach DIN 2076 als Prüfdrähte für die Zangenprüfung verwendet werden, die zur Einengung der Toleranzen aus einer Charge ausgesucht und lagermäßig gehalten werden.

An Hand der Prüfergebnisse wurde eine Vorlage für Technische Lieferbedingungen für Vor- und Seitenschneider in Abstimmung mit einschlägigen

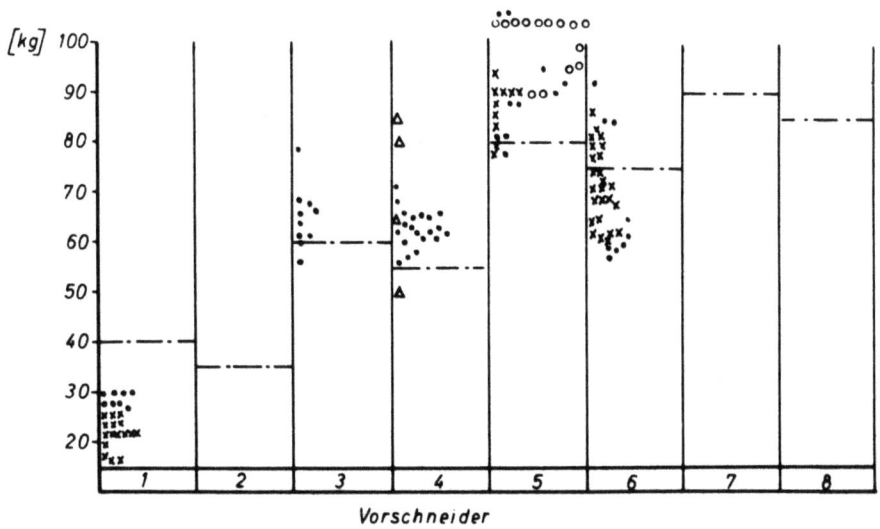

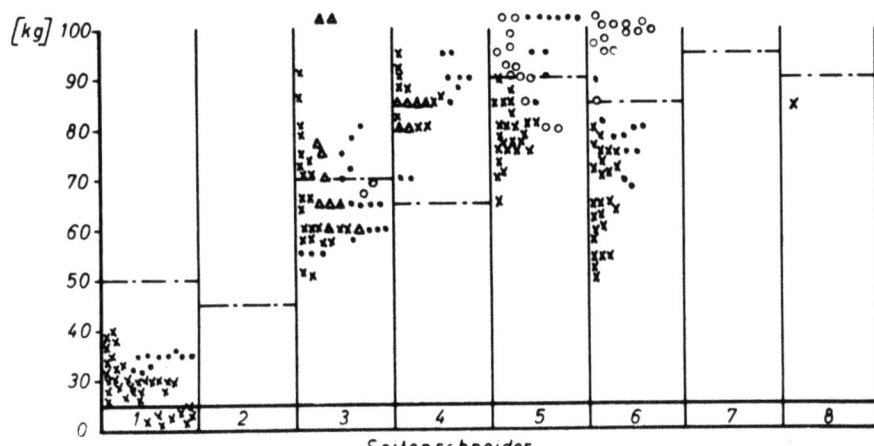

Abbildung 13
Kraftaufwand bei schneidenden Zangen
Größe 1 bis 8
vier verschiedene Fabrikate X ● ▲ ○

Zangenherstellern ausgearbeitet, die inzwischen als Normblatt DIN 5240 erschienen ist.

3. Prüfverfahren und Eicheinrichtung für Norm-Prüfdrähte

3.1 Drahteigenschaften und bisherige Prüfmethoden

Festigkeit, Härte und Zähigkeit von Drähten werden im wesentlichen von folgenden Einflußgrößen bestimmt:

Werkstoffzusammensetzung
Wärmebehandlung
Ziehverfahren.

Diese Einflußfaktoren werden in der Drahtherstellung erfahrungsgemäß nur insoweit beachtet, als es für die Einhaltung der normgerechten Toleranzen für die Zugfestigkeit und für die Drahtdurchmesser erforderlich ist. Für die bisher verwendeten Prüfdrähte nach DIN 2076 Kl. II (für Zangen für harten Draht) darf z.B. die Zugfestigkeit bei Drähten von 1 bis 2,5 mm ⌀ um ca. 10 % schwanken. Die anderen für den Trennwiderstand maßgeblichen Eigenschaften, wie Härte der Oberfläche und im Kern, Zähigkeit und Druckfestigkeit werden normalerweise nicht besonders beachtet, da diese für die Verwendung der in der Praxis auf Zug, Biegung und gegebenenfalls Verwindung beanspruchten Drähte keine wesentliche Rolle spielen.

Nach POMP [6] wird die Draht-Qualität durch folgende Fehler im Ausgangswerkstoff beeinflußt:

Rundformfehler, Oberflächenfehler, Überwalzen,
Splittern, Riefen, Risse, Lunker, Seigerungen.

Hinzukommen noch weitere Fehlerquellen:

Anzahl der Züge, Stufung der Ziehdüsen,
unterschiedliche Walztemperatur zwischen
Anfang und Ende einer Drahtrolle.

Hieraus wird verständlich, daß man Prüfdrähte mit eng tolerierten Eigenschaften, wie sie für die Prüfung des Trennkraftaufwandes bei schneidenden Zangen notwendig sind, nur durch Aussortieren nach Vergleich mit bekannten Prüfdrähten erhalten kann. Prüfdrähte mit normmäßig zulässigen Abweichungen können nur dann verwendet werden, wenn deren Abweichungen gegenüber den eng tolerierten Drähten hinsichtlich des Trennwiderstandes ermittelt und bei der Prüfung schneidender Zangen berücksichtigt werden.

Abgesehen von der Prüfung der Zugfestigkeit sind die klassischen Prüfverfahren für die Drahteigenschaften, (Streckgrenze, Elastizitätsgrenze, Dehnung, Einschnürung, Biegefestigkeit, Verwindung, Rückfederung, Dauerfestigkeit, Scherfestigkeit) recht umständlich und zeitraubend. Das Trennverhalten läßt sich aber nur auf Grund der Prüfung mehrerer der genannten Eigenschaften beurteilen. Es wurde daher ein dem praktischen Trennvorgang entsprechendes Prüfverfahren entwickelt.

3.2 Prüfverfahren für Norm-Prüfdrähte

3.21 Prüfgerät für die Trennkraft

Das Prüfverfahren besteht darin, daß der zu untersuchende Prüfdraht von zwei Hartmetallschneiden bestimmter Qualität mit festgelegtem Keilwinkel und Schneidenradius getrennt und die Trennkraft gemessen wird.

Es war möglich, das Grundgerät für schneidende Zangen so weiterzuentwickeln, daß es auch für die Drahtprüfung verwendbar war. Das Prinzip des Gerätes ist in Abbildung 14 skizziert. Die Backen 1 und 2 werden durch Drehung der Spindel 3 gegeneinander bewegt. Zwischen die sich genau gegenüberstehenden Hartmetallschneiden 4 wird der zu prüfende Draht gelegt. Zur Schonung der Hartmetallschneiden wird eine Anschlagschraube 9 an dem einen Klemmhalter so eingestellt, daß nach dem Schneidvorgang zwischen den Hartmetallschneiden ein geringer Luftspalt (ca. 0,1 mm) bestehen bleibt. Die Trennkraft wird entsprechend der Durchbiegung des Meßbalkens 5 von der Meßuhr 6 angezeigt. Die Klemmhalter 7 und 8 für die Hartmetallschneiden sind auf dem federnden freien Schenkel der Meßeinrichtung 5 und auf der Backe 2 verschiebbar. So wird

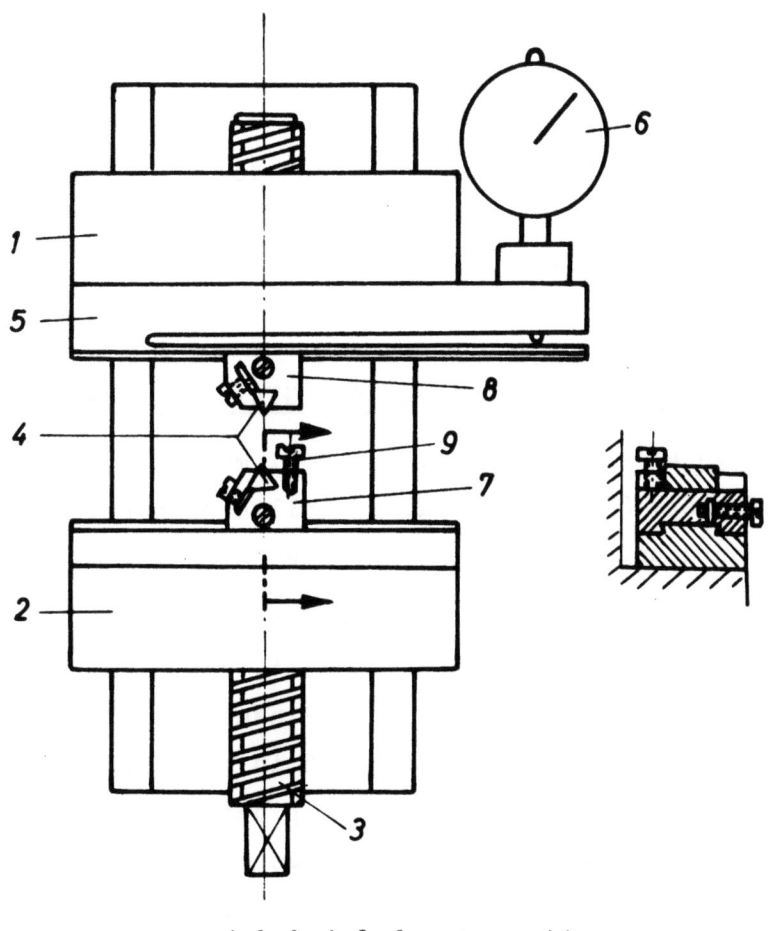

Abbildung 14
Drahtprüfgerät

ermöglicht, daß die Meßuhr mit 1/100 Skalenteilung bei einer Umdrehung des großen Zeigers 1000 kg bzw. 10 kg/Skalenteil anzeigt. Bei dem ausgeführten Labormuster wurde von dieser Möglichkeit wegen der Querschnittsverhältnisse des Meßbalkens kein Gebrauch gemacht. Die Eichung der Meßeinrichtung wurde auf einer Zerreißmaschine vorgenommen.

Abbildung 15 zeigt das Eichdiagramm.

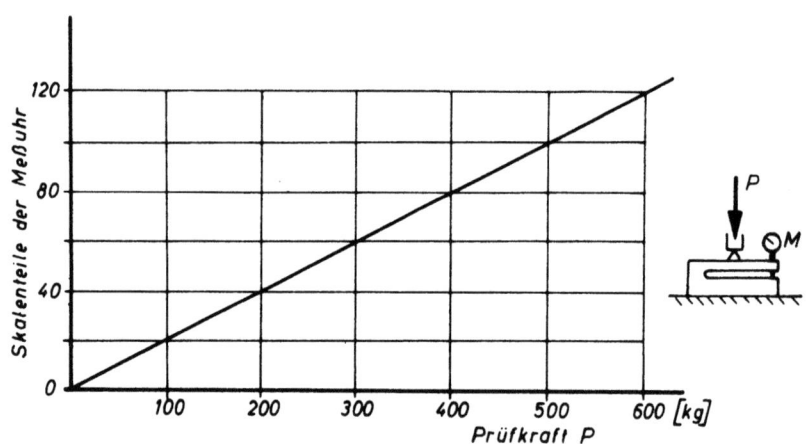

A b b i l d u n g   15
Eichdiagramm

Die feinstgeschliffenen Hartmetallschneiden der Prüfeinrichtung haben Keilwinkel von 60° und an den drei Schneiden die Radien von 0,3 mm. Größere oder kleinere Keilwinkel oder Radien erwiesen sich als weniger zweckmäßig.

3.22 Prüfverfahren für die technologische Gleichheit der Drähte

Die Prüfung der gesamten Prüfdrahtmenge soll möglichst zerstörungsfrei und schnell erfolgen. Sicherheitshalber sollte nach bestimmten Längen eine Stichprobenprüfung durch Trennen vorgenommen werden.

Eine zerstörungsfreie Prüfung ist mit dem Magnatest-Q-Gerät möglich, das sich durch sehr hohe Prüfempfindlichkeit, sowie durch schnelle und bequeme Handhabung auszeichnet. Über den Einsatz des Gerätes für die Werkzeugprüfung wurde von uns bereits 1955 in einer vom BWM geförderten Forschungsaufgabe berichtet. Das Meßprinzip beruht auf Vergleich der magnetinduktiven Eigenschaften des Prüflings mit denen eines bekannten Normals mittels einer Doppelspulenanordnung gemäß Abbildung 16.

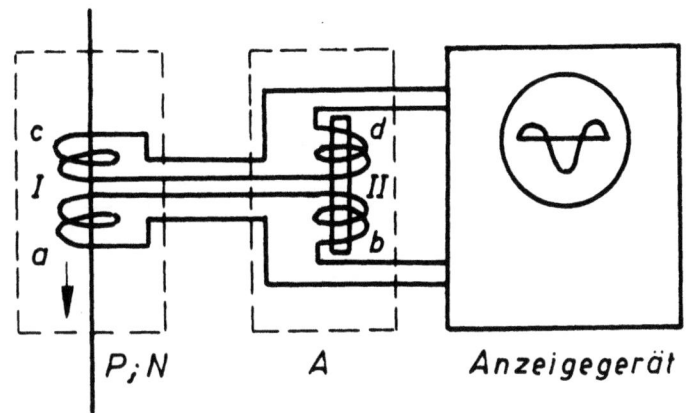

Abbildung 16

Magnatest-Q-Verfahren (Prinzip)

I u. II = Spulen; A = Abgleichstück;
N = Normaldraht; P = Prüfdraht

Dabei ist die sich bei Erregung der Spulen a und b in den Spulen c und d ergebende Differenzspannung ein Maß für die Abweichung verschiedener Eigenschaften des Prüflings vom Normal.

Zweckmäßigerweise erfolgt der Abgleich des Gerätes zur Einstellung einer möglichst geraden und waagerechten Linie auf dem Schirm der Braunschen Röhre dadurch, daß zunächst in beiden Spulen I und II gleiche Drahtstücke mit geprüften Eigenschaften (Zugfestigkeit, Härte, Trennwiderstand etc.) eingelegt werden; dann wird der Normaldraht aus der Spule I herausgenommen, der zu prüfende Draht eingefädelt und langsam mit gleichförmiger Geschwindigkeit (etwa 50 cm/sec) hindurchgezogen.

Entstehen Kurven mit größeren Abweichungen, so werden die zugehörigen Bereiche auf der Drahtrolle einer technologischen Prüfung (Zugfestigkeit, Härte, Trennwiderstand) unterzogen.

Andere zerstörungsfreie Drahtprüfungen der ferromagnetischen Eigenschaften sind ebenfalls anwendbar, sofern sie eine ausreichende Empfindlichkeit besitzen.

3.3 Versuchsergebnisse

3.31 Voruntersuchung der Prüfdrähte

Um die Zuverlässigkeit des Magnatestgerätes bezüglich der Beurteilung der Drahtgleichheit zu prüfen, wurden zunächst die für schneidende Zangen vorgesehenen Drähte hinsichtlich der Zugfestigkeit und des Trennwiderstandes untersucht. Zur Verfügung standen die in nachstehender

Tabelle aufgeführten Drähte nach DIN 2076 Kl. II verschiedener Durchmesser und Chargen B' und B".

Charge	Prüfdraht-ø							
	1 mm		1,6 mm		2 mm		2,5 mm	
	σ_B	P	σ_B	P	σ_B	P	σ_B	P
B"	270	142±4	254	299±9	225	412±7	215	545±10
B'	250	129±3	238	283±7	220	392±6	205	538± 5
-	250[x) bis 280	-	230[x) bis 255	-	215[x) bis 240	-	200[x) bis 225	-
B"-B' in %	8	10	6,5	5,5	2	5	5	1

[x) zulässige Abweichungen für Federstahldraht II, DIN 2076

σ_B = Zugfestigkeit [kg/mm^2]

P = Trennkraft = Trennwiderstand [kg] Mittelwert aus 20 Messungen

Aus der Gegenüberstellung der Zugfestigkeit σ_B einerseits und der Trennkraft P andererseits ersieht man, daß nur bei den Durchmessern 1 und 1,6 mm zwischen der Drahtsorte B' und B" die prozentualen Unterschiede der Zugfestigkeit und der Trennkraft geringfügig sind (8 : 10 % bzw. 6,5 : 5,5 %). Bei den Durchmessern 2 mm und insbesondere bei 2,5 mm sind die Unterschiede erheblich (2 : 5 bzw. 5 : 1). Somit ist diese auf praktische Beobachtungen zurückzuführende Behauptung bestätigt, daß zwischen der Zugfestigkeit und dem Trennwiderstand kein linearer Zusammenhang besteht.

Die Drähte vorstehender Tabelle wurden mit dem Magnatest-Q-Gerät geprüft und die gemessenen größten Amplituden (M) sowie die Trennkraftwerte (P) der Tabelle in Abbildung 17 dargestellt. Daraus ergibt sich, daß die untersuchten Drähte mit dem Magnatest-Q-Gerät deutlicher unterschieden werden konnten, als mit technologischen Prüfmethoden (Trennwiderstand, Zugfestigkeit).

Somit ist die Brauchbarkeit geeigneter, auf ferromagnetische Eigenschaften ansprechender, zerstörungsfrei arbeitender Verfahren für die Prüfung der Gleichmäßigkeit technologischer Eigenschaften von Drähten erwiesen.

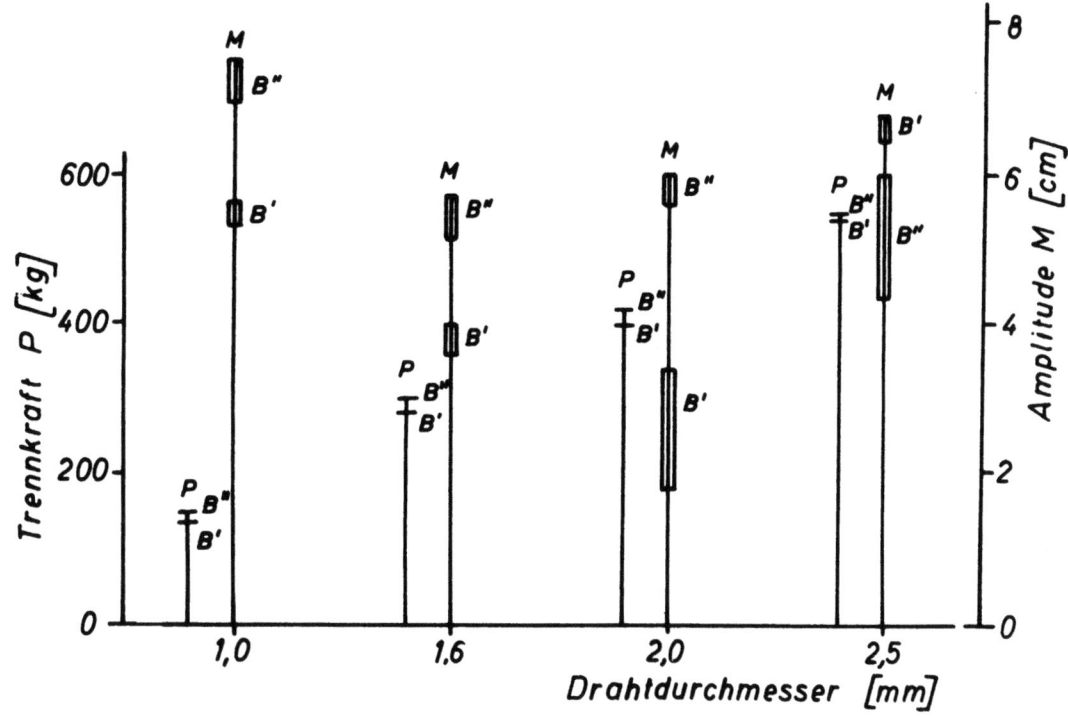

Abbildung 17
Unterscheidbarkeit von Drähten bezüglich der erforderlichen
Trennkraft P und der im Magnatest-Q-Gerät gemessenen Amplitude M

Daß auf die zerstörungsfreie Prüfung der gesamten Drahtcharge in bezug auf Homogenität nicht verzichtet werden kann, geht aus der Standzeitprüfung eines Seitenschneiders mit dem schreibenden Zangenprüfgerät hervor. Für die Prüfung stand ein Ring Federstahldraht DIN 2076 Kl. II (Länge ca. 10 m) zur Verfügung. An beiden Enden des Ringes ergab die Prüfung mit dem Drahtprüfgerät praktisch gleiche Trennkräfte (450 bis 470 kg). Bis zu ca. 700 Trennungen verlief die aufgezeichnete Kurve des Trennkraftaufwandes normal, d.h. langsam stetig steigend; dann ging der Trennkraftaufwand sprunghaft um ca. 15 % zurück. Mit dem Drahtprüfgerät wurde eine Trennkraft von nur 400 bis 425 kg festgestellt.

Vergleicht man diese Drahtstelle mit dem noch nicht verwendeten Drahtende höherer Festigkeit in dem Magnatest-Q-Gerät, so ergeben sich für beide Drahtabschnitte zwei deutlich unterscheidbare Kurven (Abb. 18).
Wie aus den Untersuchungen hervorgeht, ist die bisher für den Gütemaßstab angewandte Methode, die für die Prüfung von schneidenden Zangen handelsübliche Drähte bestimmter Zugfestigkeit vorsieht, aus folgenden Gründen zu ungenau:

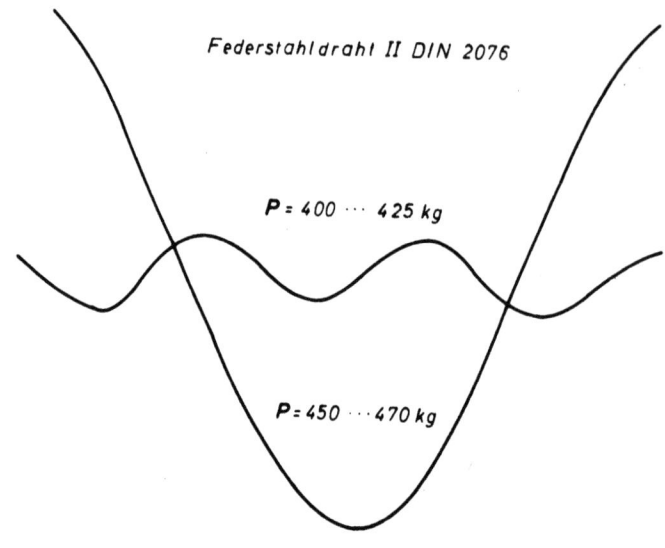

Abbildung 18

Nachweis von Drahtunterschieden mit dem Magnatest-Q-Gerät

Zwischen Zugfestigkeit und Trennwiderstand besteht kein eindeutiger Zusammenhang.

Die normmäßig zulässigen Abweichungen der Zugfestigkeit sind an sich schon im Vergleich zu den Abweichungen des Trennkraftaufwandes bei Qualitätszangen vergleichsweise zu groß, wie in Abschnitt 2.3 nachgewiesen wurde.

Die technologische Gleichmäßigkeit der Prüfdrähte hinsichtlich des Trennwiderstandes ist auch bei Drähten gleicher Charge bzw. bei derselben Drahtrolle nicht gewährleistet.

3.32 Untersuchung der Prüfdrähte

In den technischen Lieferbedingungen für schneidende Zangen Entwurf DIN 5240 sind für die verschiedenen Zangengattungen der Prüfklasse H und W die in nachstehender Tabelle aufgeführten Prüfdrähte vorgesehen:

Zangengattung	Leistungs-klasse	Draht-sorte	Drahtdurchmesser [mm]					
Seiten- und Vorschneider	H	1	1	1,6	2	2,5		
Seiten- und Vorschneider mit mehrfacher Übersetzung	H	1	1	1,6	2	2,5		
	W	2				2,5	3	3,5	4

Mit dem Drahtprüfgerät (Abb. 14) wurde der Trennwiderstand über die gleich große Trennkraft gemessen (Schneidenkeilwinkel 60°, Schneidenradius 0,3 mm). Die Drahtsorte 2 mit 4 mm Durchmesser war zur Zeit der Versuchsdurchführung nicht vorgesehen und stand daher auch nicht zur Verfügung.

Draht-∅ [mm]	1	1,6	2	2,5	3	3,5
Drahtsorte	Trennkraft [kg]					
1 Federstahldraht DIN 2076 Kl.II	135±4	280±3	425±3	630±2	-	-
2 Rundstahlpoliert DIN 175 HRc 19-2	50±3	120±4	175±1	270±1,5	375±1,5	520±2

Die Zahlenwerte wurden in Abbildung 19 dargestellt, ebenfalls die zu den einzelnen Durchmessern gehörigen Querschnitte.

Zwischen den Trennkräften P einerseits für harten und weichen Draht und den Drahtquerschnitten Q bzw. den Quadraten der Drahtdurchmesser d andererseits, besteht annähernd ein linearer Zusammenhang: P ≈ prop. Q bzw. prop. d^2.

Die Trennkraftkurven ergeben sich aus der Kurve für den Drahtquerschnitt durch Multiplikation mit einem von den technologischen Eigenschaften des Drahtes abhängigen Faktor. Dieser ist in Abbildung 19 für weichen Draht (2) in dem untersuchten Durchmesserbereich von 2,0 bis 3,5 mm annähernd konstant (0,55), während er für harten Draht (1) innerhalb der Durchmesser von 1 bis 2,5 mm zwischen 1,8 und 1,3 liegt (Mittelwert 1,5).

Aus dem Drahtdurchmesser und dem von technologischen Eigenschaften der betreffenden Drahtsorte abhängigen Faktor, kann überschlägig der Trennwiderstand von technologisch gleichen Drähten beliebiger Durchmesser - also auch für größere oder kleinere als die untersuchten - berechnet werden, und zwar um so genauer je weicher der Draht ist.

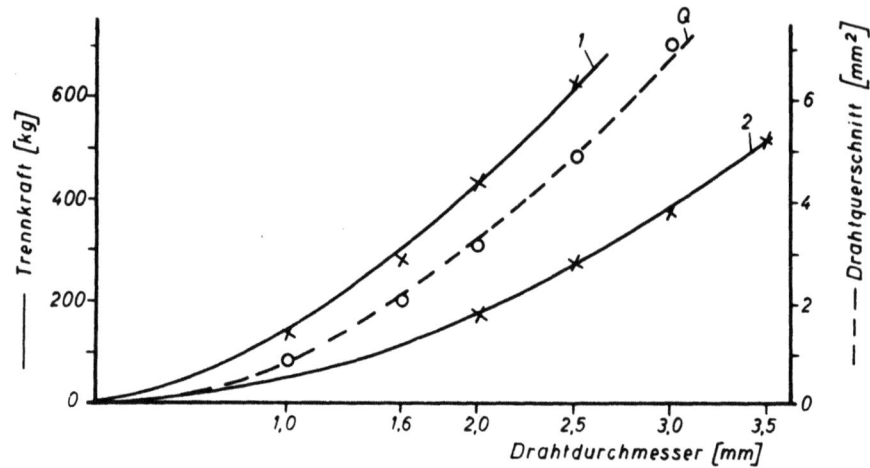

A b b i l d u n g 19
Trennkraft und Drahtquerschnitt in Abhängigkeit
vom Prüfdrahtdurchmesser
1 Federstahldraht DIN 2076 Kl. II
2 Rundstahl, gezogen DIN 668
Q Drahtquerschnitt

Für die Gestaltung von Spezialzangen für Drähte mit beispielsweise im Vergleich zu den genormten Prüfdrähten größerem Trennwiderstand hat der Faktor eine besondere Bedeutung, da der gefährdete Querschnitt am Gewerbe sowie die Schneiden entsprechend dem Faktor höher beansprucht werden als durch den genormten Prüfdraht.

P r ü f u n g   d e r   D r ä h t e   a u f   t e c h n o l o g i s c h e   G l e i c h h e i t

Um Festzustellen, ob die für die Zangenprüfung vorgesehenen Prüfdrähte je Durchmesser und Drahtsorte technologisch gleich waren, wurden die Drahtenden der einzelnen Ringe (Länge 40 bis 100 m) in bezug auf Trennkraft mit dem Drahtprüfgerät und die ganzen Drahtringe in bezug auf Gleichmäßigkeit mit dem Magnatest-Q-Gerät untersucht. Dabei stellte sich heraus, daß bei beiden Prüfungen kein praktisch feststellbarer Unterschied bestand.

Genauigkeit der Trennkraftprüfung

Über die Genauigkeit der Trennkraftprüfung mit dem Drahtprüfgerät (DP 1) wurden ebenfalls Untersuchungen durchgeführt. Es wurden Drähte unterschiedlicher Härte untersucht: Federstahldraht DIN 2076 II (verschiedene Lieferungen) und V sowie Rundstahl gezogen DIN 668 (Festigkeit bis 80 kg/mm^2). Die Durchmesser betrugen 1,6; 2; 2,5; 3 mm. Dabei zeigte es sich, daß die Abweichungen der Einzelmessung bei den jeweiligen Drahtsorten von dem Mittelwert aus 20 Messungen im Mittel 3 % bzw. ± 1,5 %, maximal 7 % bzw. ± 3,5 % betrugen. Nach den gemachten Beobachtungen weicht der Mittelwert aus fünf Messungen von dem aus 20 Messungen um weniger als 1 % ab, also genügen fünf Messungen für die praktische Prüfung.

Bei den Prüfungen wurden die Drähte nach Augenmaß senkrecht und in der Mitte zwischen die Hartmetallschneiden eingelegt. Durch eine Führung bzw. durch einen Anschlag könnten das Einlegen genauer erfolgen und die Extremwerte der Streuungen verringert werden, die jedoch im Vergleich zu den Streuungen des Trennkraftaufwandes beim Prüfen verschiedener Zangen von gleicher Nenngröße von untergeordneter Bedeutung sind.

Zusammenhang der Prüfwerte bei der Draht- und Zangenprüfung

Es wurden je zwei verschiedene Vorschneider der Nenngröße 145 mm (A und B) und Nenngröße 200 mm (C und D) und Prüfdrähte mit 1,6; 2,0 und 2,5 mm ⌀ verschiedener Festigkeit bzw. verschiedenen Trennwiderstandes verwendet, und zwar Sorte II, II', II" und V, entsprechend DIN 2076, und Sorte R, entsprechend DIN 668, Rundstahl gezogen. Vorschneider ergeben wegen des im Vergleich zu Seitenschneidern konstanten Abstandes der Trennstelle vom Gewerbe genauere Werte als Seitenschneider.

Da es schwierig ist, aus folgender Tabelle eine Gesetzmäßigkeit zu erkennen, wurden die Werte im Schaubild (Abb. 20) dargestellt, und zwar getrennt für die einzelnen Durchmesser. Die im Vergleich zum Trennkraftaufwand (gemessen mit dem Zangenprüfgerät ZP 4) genaueren Werte der Trennkräfte (gemessen mit dem Drahtprüfgerät) wurden auf der rechten Skala eingetragen und mit dem Koordinatennullpunkt durch Strahlen verbunden, die jede beliebige Ordinate im Verhältnis der Trennkräfte unterteilen. Dann wurde zunächst eine der erwähnten Drahtsorten z.B. II von 1,6 mm Durchmesser mit den Vorschneidern A, B, C, D getrennt, der im Zangenprüfgerät gemessene Trennkraftaufwand auf dem zugehörigen Strahl II

Es ergaben sich für Trennkraft und Trennkraftaufwand folgende Mittelwerte aus je 10 Messungen:

Drahtdurchm. [mm]	Drahtsorte	Festigkeit [kg/mm^2]	Trennkraft [kg]	Trennkraftaufwand bei Vorschneidern [kg] Nenngröße 145 mm A	B	Nenngröße 200 mm A	B
1,6	II	-	287,5	54,4	56,3	40,1	45,0
1,6	II'	254	287,5	52,5	56,3	40,5	44,3
1,6	II"	238	292,5	55,5	59,3	42,8	46,5
1,6	V	166,8	195	36,0	37,1	-	-
2,0	II	-	435	-	-	55,5	65,3
2,0	II'	225	400	-	-	51,0	61,5
2,0	II"	220	430	-	-	54,0	63,4
2,0	V	167	318,5	60	63	43,2	47,3
2,0	R	-	175	-	-	25,1	27,8
2,5	II	-	650	-	-	80,0	92,3
2,5	II'	205	542,5	-	-	68,6	82,1
2,5	II"	215	555	-	-	69,8	84
2,5	V	168	477,5	-	-	64,5	70,5
2,5	R	-	280	-	-	40,1	42,8

aufgetragen und die Ordinate gezeichnet. Die mit anderen Drahtsorten gleicher Durchmesser ermittelten Werte des Trennkraftaufwandes wurden auf den entsprechenden Ordinaten von ihren Fußpunkten A, B, C, D aus aufgetragen und die Endpunkte besonders gekennzeichnet. In gleicher Weise entstanden die Diagramme für die Drahtdurchmesser 2,0 und 2,5 mm. Im letzten Diagramm wurde die Lage der Ordinaten durch den Schnittpunkt des Trennkraftaufwandes für den Draht II' mit dem zugehörigen Strahl II' festgelegt.

Da die mit verschiedenen Drahtsorten festgestellten Werte des Trennkraftaufwandes bei dem gleichen Vorschneider (also gleiche Ordinate) etwa im jeweiligen Schnittpunkt mit den zugehörigen Strahlen liegen, zeigt sich, daß der Trennkraftaufwand bei den Zangenschneiden unterschiedlicher Form (Keilwinkel, Schneidenradius etc.) gleichen Gesetzmäßigkeiten unterliegt wie die mit bestimmten Hartmetallschneiden

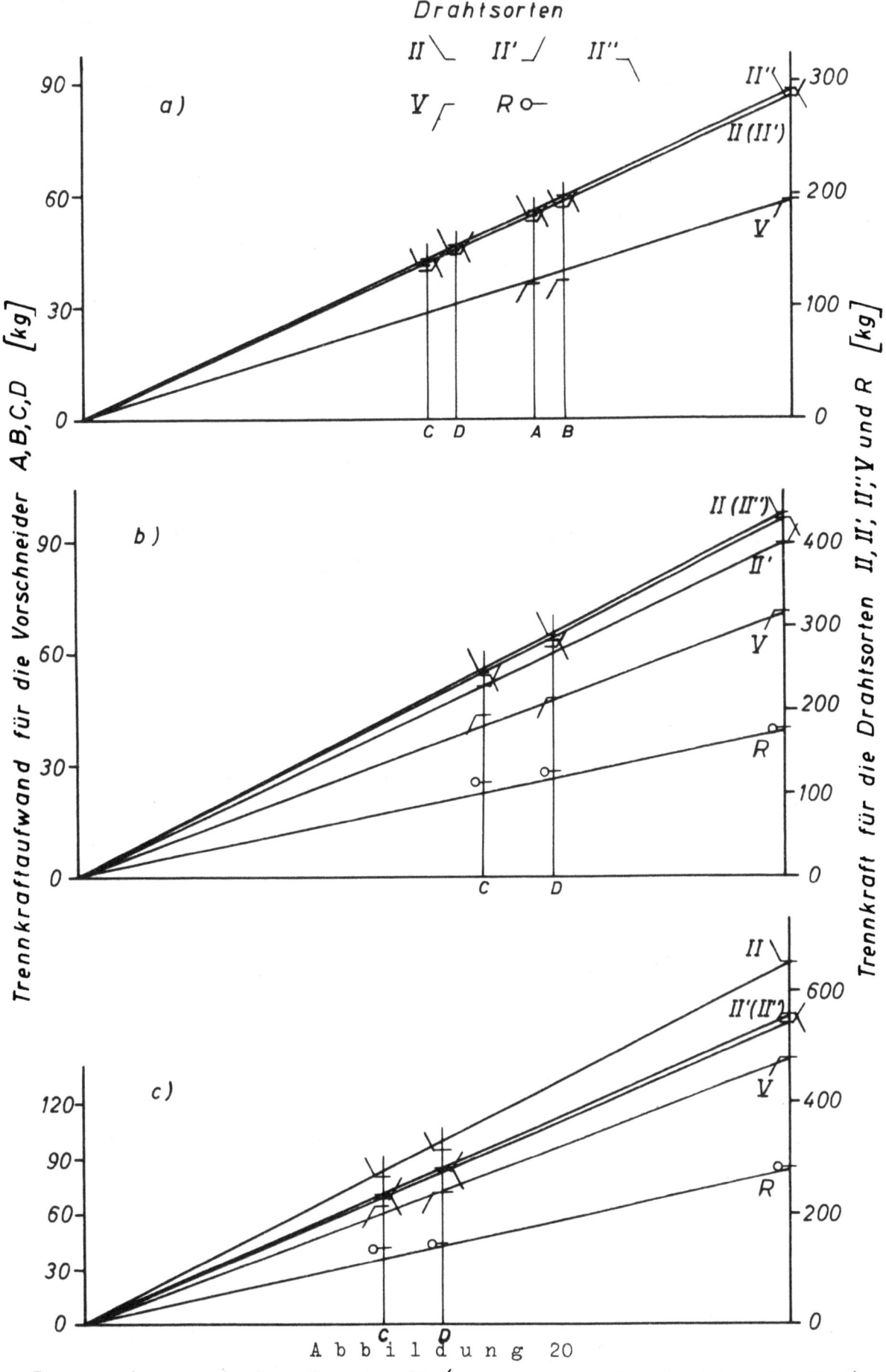

Abbildung 20
Zusammenhang zwischen Trennkraft (gemessen mit Drahtprüfgerät DP 1)
und Trennkraftaufwand (gemessen mit Zangenprüfgerät ZP 4)
a) bei 1,6 mm   b) bei 2,0 mm   c) bei 2,5 mm Draht-∅

unmittelbar mit dem Drahtprüfgerät gemessenen Trennkraftwerte. Selbstverständlich ergeben unterschiedliche Schneidenformen bei sonst gleichen Zangen auch unterschiedliche Werte für den Trennkraftaufwand.

F o l g e r u n g e n

1. Die Form der Schneiden beim Drahtprüfgerät und bei den Zangen braucht nicht gleich zu sein; somit genügt beim Drahtprüfgerät eine einzige Schneidenform. Zweckmäßigerweise wurden die Schneiden als gleichseitige Prismen mit Keilwinkeln von 60° und Schneidenradien von 0,3 mm ausgebildet.

2. Bei Drähten, die hinsichtlich Durchmesser und Qualität innerhalb der normmäßigen Abweichungen gleich sind, verhalten sich die Werte für den Trennkraftaufwand (gemessen mit dem Zangenprüfgerät) mit hinreichender Genauigkeit wie die Trennkräfte (gemessen mit dem Drahtprüfgerät).

Um die Genauigkeitsgrenzen zu ermitteln, wurden für Federstahldrähte DIN 2076 II gleichen Durchmessers und gleicher Qualität jedoch aus verschiedenen Lieferungen (Sorte II, II', II") mit geringfügigen technologischen Abweichungen die Verhältniszahlen der Trennkraft (f) und des Trennkraftaufwandes (f') gebildet und in nachstehende Tabelle eingetragen.

Drahtdurchm. [mm]	Drahtsorten x;y	Trennkraftverhältnis Faktor f=x/y	Verhältnis des Trennkraftaufwandes Faktor f'				Mittelwert f'_m $\frac{A+B+C+D}{4}$	Unterschied zwischen f u. f'_m in % (Mittelwert)
			A	B	C	D		
1,6	II;II'	1,00	1,035	1,00	1,01	1,02	1,016	1,6
	II';II							
	II";II'	1,02	1,02	1,06	1,065	1,03	1,044	2,4 (2)
2,0	II;II'	1,08	-	-	1,09	1,06	1,075	0,5
	II";II'	1,075	-	-	1,06	1,03	1,045	3 (1,8)
	II;II'	1,20	-	-	1,165	1,13	1,148	4,5
	II";II'	1,025	-	-	1,028	1,028	1,028	0,3 (2,4)

Der prozentuale Unterschied zwischen f und f'm von den Zangen A, B, C, D wurde errechnet und in die rechte Spalte eingesetzt. Von den jeweils zwei Werten wurde der Mittelwert gebildet und in Klammern gesetzt.

Legt man bei Drahtunterschieden die mit dem Drahtprüfgerät ermittelten Faktoren bei der Zangenprüfung zugrunde, so würden die Fehler, die durch unterschiedlichen Prüfdraht bedingt sind, bei federharten Drähten unter 2,5 % liegen, also innerhalb der mittleren Streuung.

Im Bedarfsfalle können auch Prüfdrähte mit anderen technologischen Eigenschaften und Abmessungen wie die in der Tabelle (Abschn. 3.32) vorgesehenen - jedoch hinreichender Gleichmäßigkeit - eingesetzt werden. In diesem Falle ist die Abweichung des Trennwiderstandes des verwendeten Drahtes von dem des "Tabellen-Prüfdrahtes" festzustellen. Um den gleichen Faktor müssen die Meßwerte des Trennkraftaufwandes berichtigt werden. Die Ergebnisse sind dann mit dem Sollwert vergleichbar.

Weicht der Trennwiderstand des verwendeten Drahtes von dem des "Tabellen-Prüfdrahtes" beispielsweise um den Faktor 1,2 ab, so ist der Trennkraftaufwand für die betreffenden Zangen mit demselben Faktor zu multiplizieren. Diese Erkenntnis ist besonders wichtig für die Prüfung der Schneidhaltigkeit, die eine vergleichsweise große Drahtmenge benötigt; durch Einsatz von Drähten mit höherem Trennwiderstand kann der Prüfvorgang abgekürzt werden.

4. Prüfverfahren für die Schneidhaltigkeit

4.1 Prinzipien der Prüfverfahren

4.11 Prüfung des Trennkraftaufwandes

Für das Prüfen der Schneidhaltigkeit (Standzeit) wurden folgende zwei Möglichkeiten in Betracht gezogen:

1. Prüfen mit einem einen einstellbaren Höchstwert nicht übersteigenden Kraftaufwand (Abb. 21).

2. Messen des zum Trennen jeweils erforderlichen Kraftaufwandes (Abb. 22).

Von beiden Prüfverfahren sollen folgende Merkmale hervorgehoben werden:

Bei der Prüfung nach Punkt 1 schlagen die Schneidbacken (entsprechend dem praktischen Gebrauch), nachdem der Draht getrennt wurde, wegen des unter Wirkung einer einstellbaren Druckfeder D stehenden Stößels und

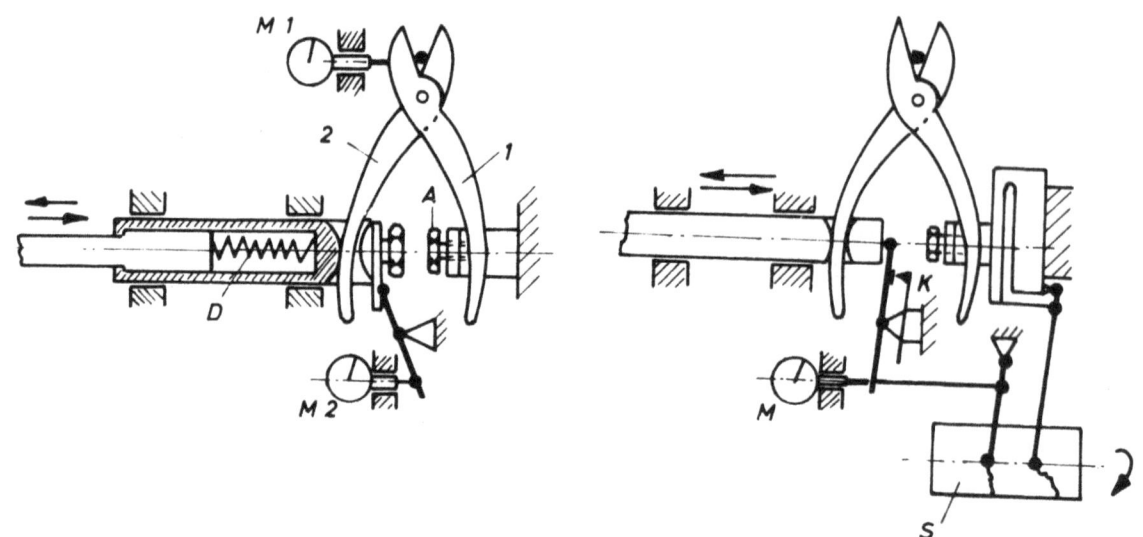

Abbildung 21
Prüfprinzip für die Schneidhaltigkeit
bei eingestellter Höchstkraft
(ohne Drahtzuführung)

Abbildung 22
Prüfprinzip für die Schneidhaltigkeit mit Registrierung
der Meßwerte
(ohne Drahtzuführung)

der auch etwas "federnden" Zangenschenkel hart zusammen. Dabei werden die Schenkel der Zangen weiter zusammengedrückt, bis der Stößel gegen einen einstellbaren Anschlag A stößt. Die Prüfung ist beendet, wenn die Schneiden soweit abgestumpft sind, daß der Draht bei der eingestellten Höchstkraft nicht mehr getrennt wird. An einem Zählwerk ist die Zahl der Trennungen abzulesen.

Der Nachteil dieser verhältnismäßig einfachen Prüfmethode besteht darin, daß sie über den Verlauf der Kraftzunahme durch die Schneidenabstumpfung keine Auskunft gibt.

Das besondere Merkmal der Prüfverfahren nach Punkt 2a und 2b der folgenden Tabelle ist die Aufzeichnung des Kraftverlaufes. Über die Güte der Schneide gibt der Kraftanstieg während der ersten 500 bis 1000 Trennungen (vgl. Abschnitt 4.3) Aufschluß; da der weitere Kraftverlauf normalerweise gesetzmäßig erfolgt, läßt sich die Prüfdauer vermutlich abkürzen.

In nachstehender Tabelle sind die Merkmale der aufgeführten Prüfverfahren vergleichsweise gegenübergestellt.

Prüf-verfahren	Hauptmerkmal	Dauer der Prüfung	Registrierung	Bemerkung
1	Höchstwert des Kraftaufwandes wird nach TL eingestellt	bis eingestellter Kraftaufwand überschritten wird	Zahl der Trennungen (Zählwerk)	Prüfung dauert länger als zum Trennen erforderlich ist, besonders bei vorzeitiger Abstumpfung
2a	selbsttätige Anpassung des Kraftaufwandes an jeweiligen Kraftbedarf	bis Trennung erfolgt	1. Trennkraftverlauf, 2. Zahl der Trennungen 3. Änderung vom Schenkelabstand durch Drahteindruck auf der Schneide, bleibende Schenkeldurchbiegung, Lockerung im Gewerbe 4. Zusätzlicher Kraftaufwand durch Reibung im Gewerbe	Diagramme ermöglichen Erkennen von Unstetigkeiten und Abkürzung der Prüfung
2b	abgekürztes Verfahren, sonst wie 2a	bis einstellbare Grenzkraft erreicht ist		

4.12 Prüfen des Drahteindruckes an der Schneide

Für die Schneideigenschaften ist die Tiefe des Drahteindruckes von Bedeutung. Sie kann nach verschiedenen optischen und elektromechanischen Methoden erfolgen. Das optische Schattenverfahren, beispielsweise in Verbindung mit einem Mikroskop, gestattet, die Eindrücke unmittelbar auszumessen bzw. photographisch aufzunehmen. Allerdings ist dieses Verfahren umständlich, da der Prüfling für jede Messung bzw. Aufnahme nach einer bestimmten, auf Grund von Erfahrungen gewählten Anzahl von Trennungen ausgespannt werden muß. Somit kommt dies Verfahren für labormäßige Untersuchungen in Betracht, weniger für eine laufende Kontrolle.

Eine andere optische Methode beruht darauf, daß die Drahtzuführung unterbrochen und an Stelle des Drahtes ein leicht plastisch verformbarer Werkstoff, z.B. ein Aluminiumstreifen, zum Abdruck der Schneide verwendet wird. Der Streifen wird dann wie folgt ausgewertet.

Mit Hilfe eines Profil-Mikroskops, das nach dem Lichtschnittverfahren arbeitet, kann außer der Tiefe des Eindruckes auch die Formänderung bestimmt werden. Bei dieser Abdruckmethode wird die Dauerprüfung nur kurzzeitig unterbrochen.

Elektromechanische Methoden kommen für die unmittelbare Messung des Drahteindruckes wegen der schwierigen Justierung des Gebers an den Schneiden, ferner wegen der hohen Anforderungen an die Empfindlichkeit und wegen der Störanfälligkeit durch Erschütterungen beim Trennvorgang vorerst nicht in Betracht. Für die Ermittlung des Zusammenhanges zwischen Trennkraft, Standzeit und Drahteindruck wurden daher die ersten beiden Methoden verwendet.

4.13 Prüfen der Schenkeldurchbiegung und der Lockerung im Gewerbe

Bei Verfahren 1 lassen sich die Durchbiegung des fest eingespannten Schenkels 1 mit einer Meßuhr M1 (Abb. 21) und das zunehmende Spiel im Gewerbe sowie die bleibende Schenkeldurchbiegung mit einer Meßuhr M2 ermitteln. Nach Verfahren 2 (Abb. 22) kann nur die Summe der Auswirkungen vom Drahteindruck, von der Schenkeldurchbiegung und Lockerung im Gewerbe mit der Meßuhr M angezeigt oder mit einer Schreibvorrichtung S registriert werden. Nach Erreichen eines einstellbaren Grenzwertes kann ein Kontakt K ein Signal geben oder die Maschine stillsetzen.

4.14 Prüfen des durch Reibung verursachten Kraftaufwandes

Nach Vorversuchen ändert sich die Reibung in dem Gewerbe mit der Zahl der Trennungen, und zwar nimmt sie normalerweise zunächst schnell ab bis zu einem Minimum, bleibt dann über eine längere Zeitdauer annähernd konstant, um dann verhältnismäßig schnell anzusteigen und vergleichsweise hohe Werte zu erreichen.

Da die nicht zu unterschätzende Reibung im Gewerbe nicht nur den Trennkraftaufwand, sondern auch den Verschleiß erhöht, wird sie beim Rückwärtshub registriert.

4.2 Einzelheiten der ausgeführten Prüfeinrichtung

Das Prüfverfahren mit einem der Abnutzung sich anpassenden Kraftaufwand gemäß Abbildung 22 erwies sich als zweckmäßig, da gleichzeitig der Kraftaufwand und die Deformation der Zange aufgezeichnet werden.

4.21 Antrieb

Für die Schneidhaltigkeitsprüfung der Zangen wurde im Prinzip das für die Trennkraftaufwandprüfung entwickelte Grundgerät (Abb. 12) erweitert (Abb. 23).

Abbildung 23
Zangenprüfeinrichtung

Der Antrieb der Schraubenspindel 1 erfolgt durch einen über Wendeschütze polumschaltbaren Motor und ein Schneckengetriebe, und zwar beim Öffnen der Zangen mit doppelter Drehzahl wie beim Arbeitshub. Die Umsteuerung wird durch einen durch den vorgeschobenen Draht betätigten Wechselkontakt 2 über Wendeschütze 3 bewirkt. Der zeitliche Ablauf des selbsttätig gesteuerten Arbeitsvorganges vollzieht sich nach dem Diagramm (Abb. 24). Sobald der vorgeschobene Draht den Kontakt 2 schließt, dreht sich die Spindel, so daß die Backen 4 und 5 und damit die Zangenschenkel zusammengedrückt werden, bis die erste Trennung erfolgt. Das wegspringende Drahtende schaltet den Kontakt 2 um und kehrt damit die Drehrichtung der Spindel um.

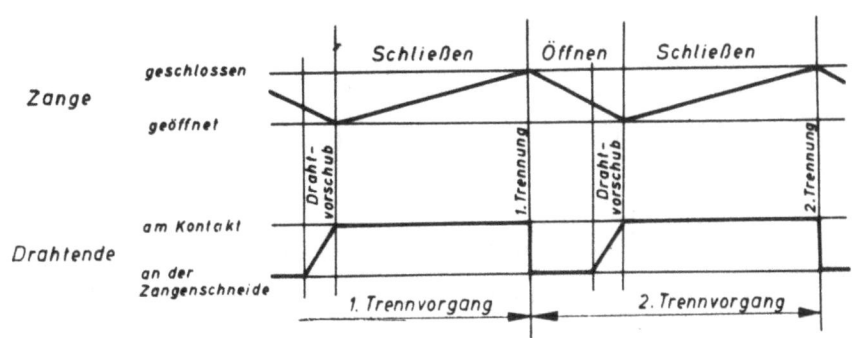

Abbildung 24
Zeitlicher Ablauf der Vorgänge bei der Prüfeinrichtung
gemäß Abbildung 23

Dadurch wird die Zange geöffnet, bis der während des Öffnens der Zange durch einen Motor vorgeschobene Draht von den geöffneten Schneiden hindurchgelassen wird und den Kontakt 2 erneut zur Einleitung des nächsten Trennvorganges schließt.

Durch die Schenkelfederung schlagen die Schneidbacken etwa dem praktischen Gebrauch entsprechend zusammen.

4.22 Schreibeinrichtungen, für Trennkraftaufwand, Reibungskraft Änderung des Schenkelabstandes

Die Meßeinrichtung für den Kraftaufwand wurde von dem bereits entwickelten Grundgerät für die Schneidfähigkeit übernommen [1]. Die Schreibeinrichtung besteht aus folgenden Teilen: Kraftmeßbügel 6, Schreibtrommel 7, Schreibhebel 8 für den Trennkraftaufwand und die Reibungskraft (mechanische Übersetzung 1 : 20) und Schreibhebel 9 für die Änderung des Schenkelabstandes durch Drahteindruck an den Schneiden, Lockerung im Gewerbe und bleibende Schenkeldurchbiegung (Übersetzung wahlweise 1 : 5 oder 1 : 10). Die Aufzeichnung erfolgt auf elektrisch leitendem Registrierpapier, auf dem eine schwarze Kurve beim Stromübergang von der Schreibhebelspitze auf das Papier entsteht.

Durch Ein- oder Abschalten einer Rückstellkraft können mit der Schreibeinrichtung wahlweise der ganze Kraftverlauf eines jeden Trennvorganges oder lediglich die Spitzenwerte des jeweiligen Trennkraftaufwandes aufgezeichnet werden.

Um eine größere Möglichkeit zur Aufdeckung von Zusammenhängen zwischen den verschiedenen Einflußgrößen auf die Qualität zu haben, wurde bei den Versuchen in Abschnitt 4.3 der gesamte Verlauf des Trennkraftaufwandes Tr aufgezeichnet (Abb. 25a), wobei die Reibungskraft (R), die zum Öffnen der Zangen erforderlich ist, mit anfällt. Es hat sich gezeigt, daß der Trennkraftaufwand etwa um die Reibungskraft erhöht wird. Die Änderung des Schenkelabstandes wurde als Spitzenwertkurve (S) aufgezeichnet.

Für die Praxis genügt es, auch den Trennkraftverlauf nur als Spitzenwertkurve (Abb. 25b) aufzuzeichnen. Somit kann der Papiervorschub verringert werden und das im Fall a ca. 2 m lange Diagramm für 5000 Trennungen zur Erhöhung der Übersichtlichkeit allerdings auf Kosten der Auflösung auf wenige Zentimeter verkürzt werden. Die Hubzahl (etwa 10/min) kann zusätzlich mit einem Zählwerk ermittelt werden.

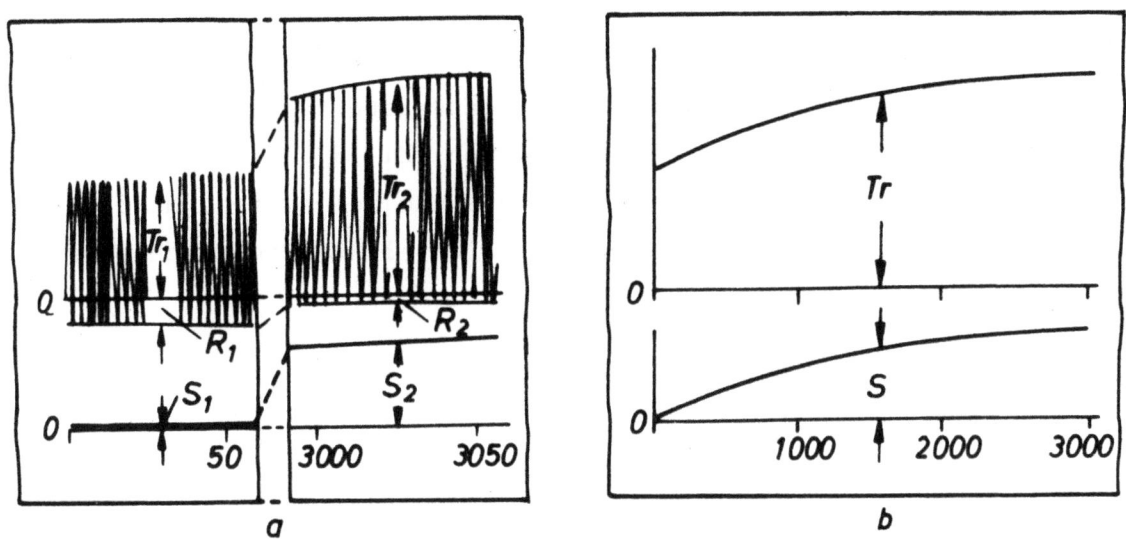

Abbildung 25
Diagramme vom Prüfgerät für die Schneidhaltigkeit
Tr Trennkraftaufwand, R Reibungsbeiwert,
S Änderungen des Schenkelabstandes

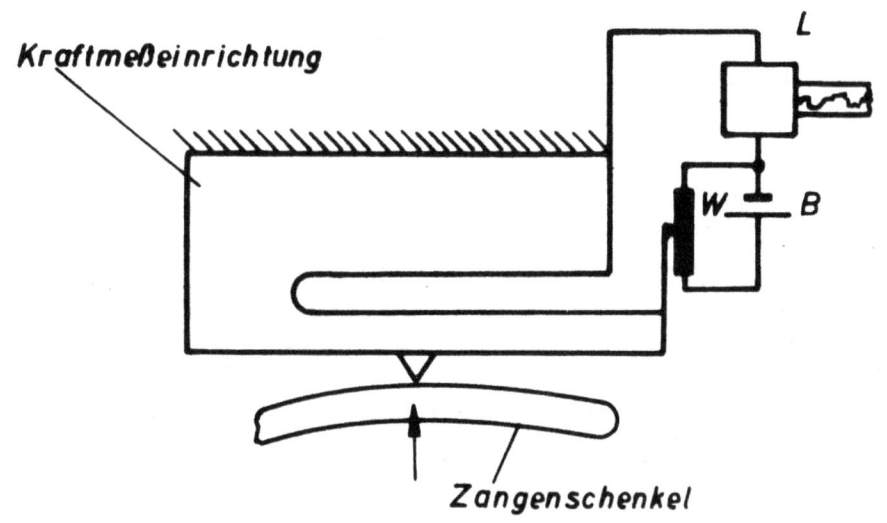

Abbildung 26
Elektrische Schreibeinrichtung für den Trennkraftaufwand

An Stelle der mechanischen Aufzeichnung können elektrische Schreibgeräte verwendet werden. Abbildung 26 zeigt beispielsweise eine versuchsweise eingesetzte Schreibeinrichtung mit Widerstandsgeber W, durch den der Meßwert in einen Gleichstrom umgewandelt wird, dessen Größe der

Kraft proportional ist und mit einem elektrischen Registriergerät (z.B. Linienschreiber L) bei wählbarer elektrischer Vergrößerung des Meßwertes aufgezeichnet wird. Statt des Widerstandsgebers können auch induktive oder kapazitive Geber verwendet werden. Mit Rücksicht auf die Verwendung in der Praxis wurde die einfachere und leichter zu handhabende mechanische Aufzeichnung bevorzugt, die sich als betriebssicher erwiesen hat.

4.23 Zangeneinspannung und Drahtvorschub

Die Zangeneinspannung sowie die Anordnung der verstellbaren Drahtzuführung 1 und des Umschaltkontaktes 3 sind in Abbildung 27 dargestellt. Die Zangenschenkel werden án markierten, für die jeweilige Zangengröße festgelegten Stellen an die beiden Druckstücke 4 der Prüfeinrichtung angelegt. Beim Öffnen der Zangenbacken werden die Zangenschenkel durch die federnden Stifte 5 mitgenommen.

Die Drahtführung ist auf dem Segment 2 um 90° verstellbar (den jeweiligen Zangentypen entsprechend) angeordnet. Das Segment 2 kann in der Längsrichtung der Zange auf dem Schlitten 6 verstellt werden, zusätzlich

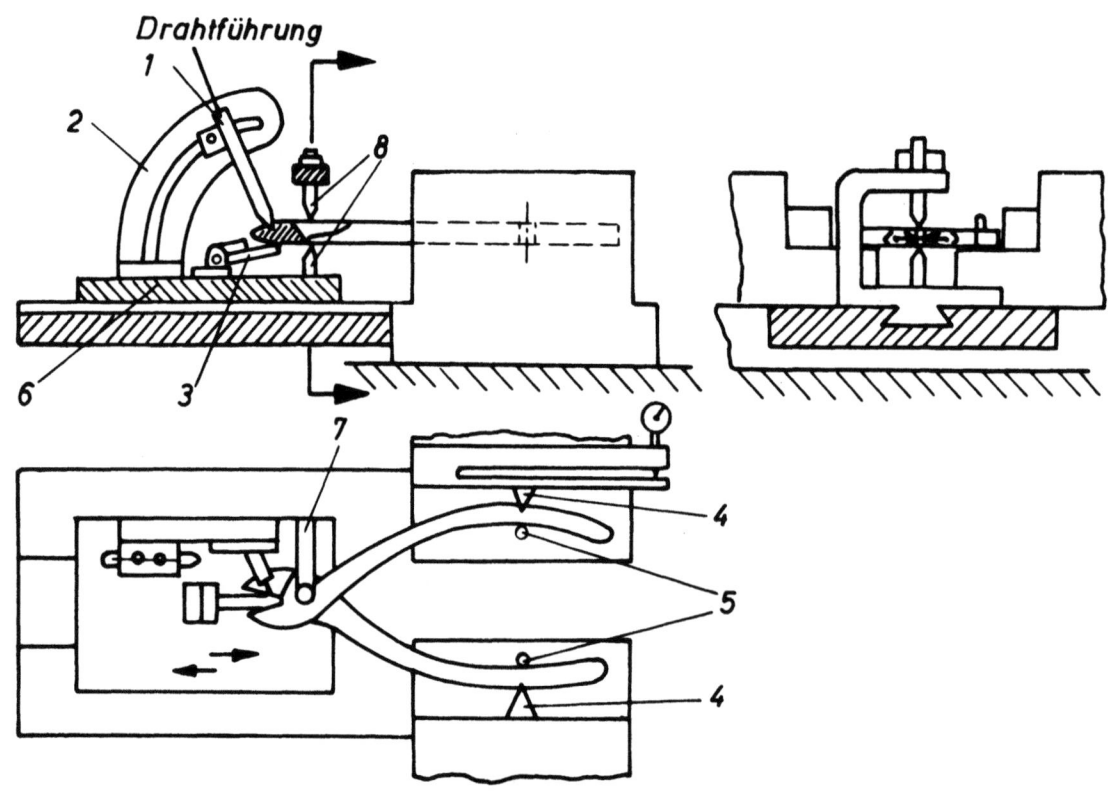

A b b i l d u n g 27
Drahtzuführung und Zangenhalterung (Prinzipbild)

auch die Kontakteinrichtung 3. Der Schlitten wird durch die Zange und die Haltevorrichtung 7 bei der Betätigung der Zange um einen geringen Betrag in Richtung der Zangenmittellinie hin und her bewegt.

Um zu gewährleisten, daß der Draht immer an derselben Wirkstelle der Zange getrennt wird, ist eine genaue Führung des Drahtes vorgesehen, die mit der Spitzenlagerung 8 für die schneidenden Zangen eingestellt und festgestellt wird. Der Draht wird durch 2 Rollen 1 und 2 vorgeschoben (Abb. 28), von denen die während des Öffnens der Zange angetriebene Scheibe 1 eine keilförmige Rille zur sicheren Mitnahme der Drähte aufweist. Der Vorschub erfolgt, sobald die Schneidbacken 3 so weit geöffnet sind, daß sie den Draht hindurchlassen, der den Kontakt 5 umschaltet und somit die Schließbewegung der Zange einleitet.

4.3 Versuchsergebnisse

Um erstmalig eine Charakteristik des Trennvorganges zu bekommen, beispielsweise wieviel Trennungen an derselben Stelle der Zangenschneide ausgeführt werden können, bis der Trennkraftaufwand, der Schenkelabstand und die Schneidenform sich merklich ändern, wurden Seitenschneider verschiedenen Fabrikates geordnet nach Nenngrößen untersucht. Gemäß Abschnitt 2.1 bzw. TL-Entwurf DIN 5240 sind für die Prüfung von schneidenden Zangen Federstahldrähte mit bestimmten Eigenschaften und Durchmessern vorgesehen.

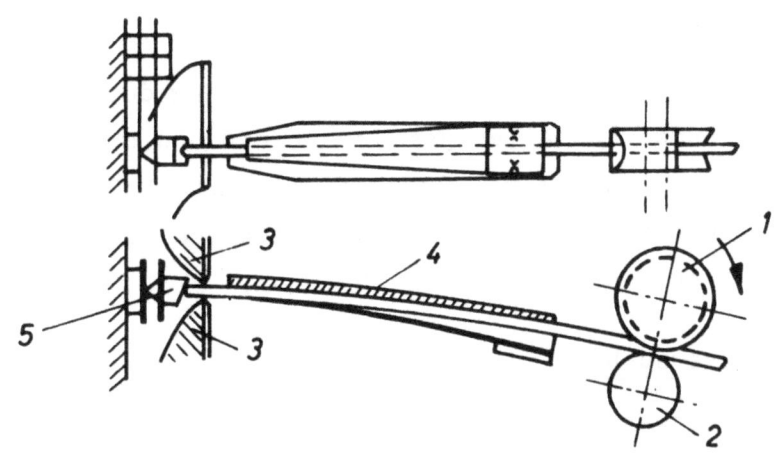

A b b i l d u n g 28
Drahtführung und Kontakteinrichtung (Prinzipskizze)

4.31 Trennkraftverlauf

Der Trennkraftverlauf wurde im Diagramm (Abb. 29) in Abhängigkeit von der Zahl der Trennungen aufgezeichnet. Nach einem unregelmäßigen Anfangverlauf der Kurven für den Trennkraftaufwand ist dieser bei allen geprüften Seitenschneidern nach 5000 Trennungen gegenüber dem Anfangswert um 20 bis 30 % angestiegen. Etwaige Gesetzmäßigkeit zu ermitteln, bleibt weiteren Reihenuntersuchungen auch mit schneidenden Zangen verschiedener Nenngrößen und für verschieden harte Drahtsorten vorbehalten. Sinngemäß gilt dasselbe auch für den Reibungsbeiwert. Richtwerte für die Schneidfähigkeit wird man erst dann festlegen können, wenn mit dem entwickelten Prüfgerät genügend Versuchsergebnisse für die verschiedenen Zangentypen, ihre Ausgangswerkstoffe und Wärmebehandlung zur Verfügung stehen.

4.32 Änderungen des Schenkelabstandes

In dem Entwurf der Technischen Lieferbedingungen für schneidende Zangen DIN 5042 ist u.a. auch die Prüfung der bleibenden Schenkeldurchbiegung bei dem 1,2-fachen Wert des für die betreffende Zangennenngröße zulässigen Trennkraftaufwandes vorgesehen. Die Prüfung erfolgt dadurch, daß die größte Griffweite bei geschlossener Zange z.B. mit einer Schublehre vor und nach der Belastung gemessen wird. Bei einer Dauerprüfung verringert sich der Schenkelabstand nicht nur durch eine etwaige bleibende Schenkeldurchbiegung, sondern auch durch den Verschleiß im Gewerbe und durch die Änderung der Schneide (Verschleiß, Versatz).

Die gleichfalls in Abbildung 29 enthaltene Änderung des Schenkelabstandes ist also eine Summe aus allen dem Verschleiß und der mechanischen Beanspruchung unterworfenen Einflußgrößen. Wie ersichtlich, kann der Schenkelabstand zunächst sehr schnell, dann langsam oder aber auch von vornherein allmählich und gleichmäßig abnehmen.

4.33 Papierschnittversuche

Es wurde untersucht, welche Auskunft der klassische Papierschnittversuch gibt. Bei einwandfreien Schneiden wird das Papier längs der ganzen Schneide (Abb. 30a) getrennt. Bei Abbildung 30b erfolgte die Trennung nur an der Zangenspitze; daraus ist auf Verschleiß im Gewerbe zu schließen. Bei versetzten Schneiden braucht keine Trennung zu erfolgen (Abb. 30c). Bei einem Drahteindruck an der Schneide wird das Papier nicht längs der ganzen Schneide getrennt (Abb. 30d). Charakteristische

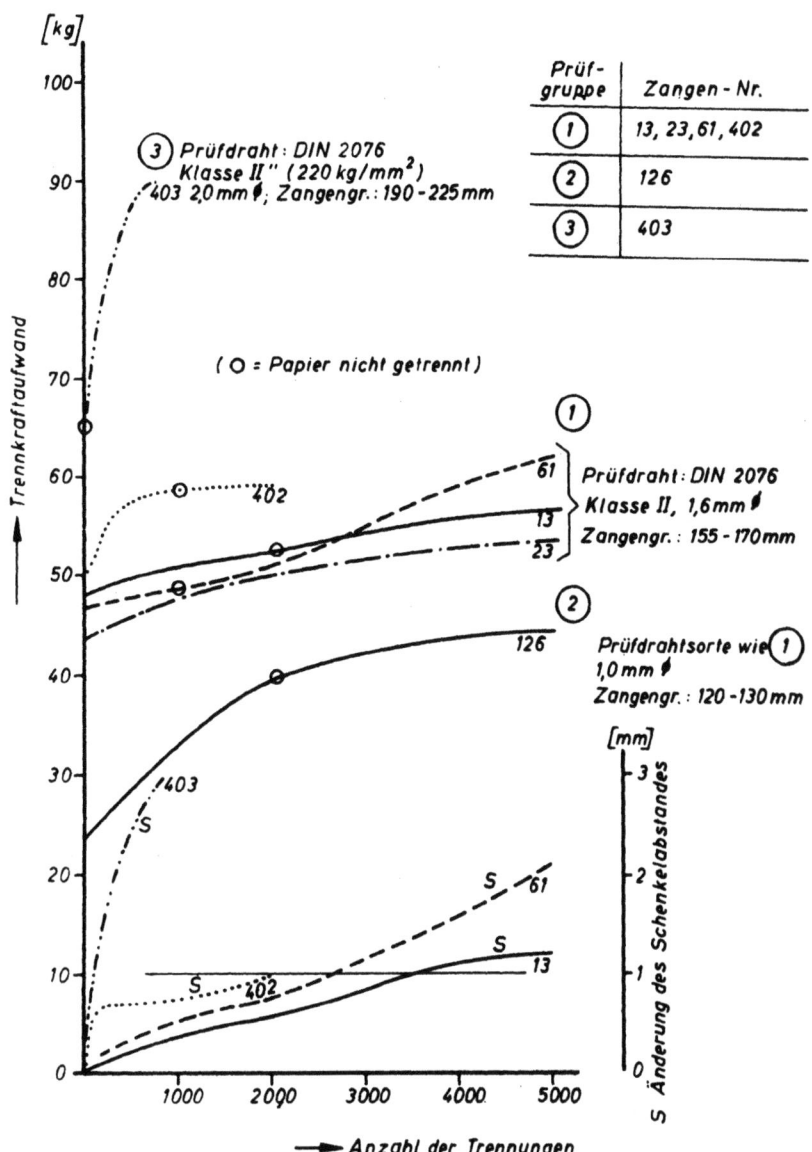

Abbildung 29
Trennkraftaufwand und Schenkelabstandsänderung
bei Seitenschneidern für harten Draht

Daten der Versuchsergebnisse sind nachstehend tabellarisch zusammengefaßt:

Seitenschneider (Nenngröße 155 bis 170 mm) Nr.	Trennkraftaufwand [kg] nach x Trennungen			Verringerung des Schenkelabstandes um 1 mm nach x Trennungen x	Papier wird getrennt bis zu x Trennungen x
	x=0	2000	5000		
13	48	52	57	3500	2000
23	44	50	53	nicht gemessen	nicht geprüft
61	47	50	62	2500	2000
402	49	55	-	2000	1000
126	24	40	44	-	2000
403	65	90	-	unter 200	0

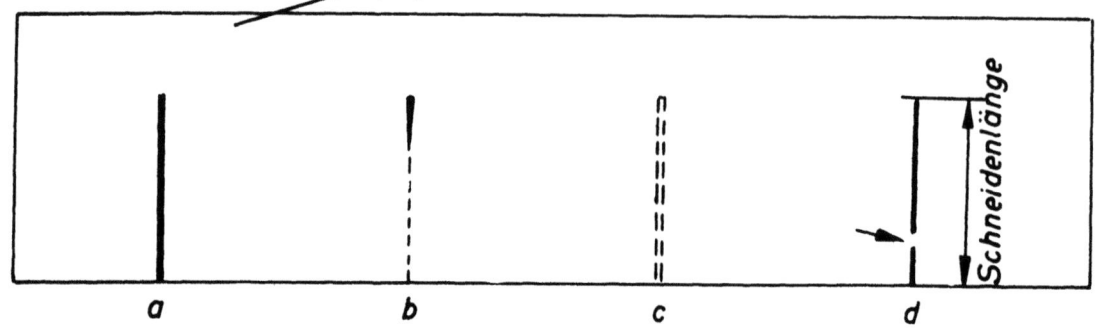

A b b i l d u n g   30

Papierschnittversuch

a) Papier längs der ganzen Schneide getrennt

b) Trennung nur an der Schneidenspitze (Verschleiß im Gewerbe)

c) Papier nicht getrennt, Schneidenversatz

d) Schneide mit Drahteindruck

Die Anzahl der Trennungen, nach denen der Papierstreifen nicht auf der ganzen Schneidenlänge getrennt wurde, wurde auf den Trennkraftkurven durch einen Kreis gekennzeichnet.

5. Einfluß der Schneidenform und der Ausbildung der Zangen auf die Schneideigenschaften

5.1 Untersuchung der Einflüsse auf die Schneidfähigkeit

5.11 Schneidenform

Bei dem Einfluß der Schneidenform auf die Trennkraft sind Keilwinkel und Schneidenradius maßgebend. Um einen Überblick über die z.Zt. übliche Schneidengestalt zu bekommen, wurden an Seiten- und Vorschneidern verschiedener Fabrikate und Größen die Keilwinkel durch unmittelbare Ausmessung ermittelt und in Tabelle 1 zusammengestellt:

Tabelle 1

Keilwinkel bei schneidenden Zangen [°]

Fa.	Seitenschneider			Fa.	Vorschneider		
	Schneide				Schneide		
	1	2			1	2	
A	70	75	h	A	65	65	h
	75	80	h		60	75	h
	85	90	h		75	85	h
	90	75	h		85	85	h
					60	65	w
B	70	80	h	B	80	75	h
	65	70	h		70	60	h
	75	75	h		80	70	h
	80	80	h		80	75	h
					60	65	w
					60	50	w
					55	50	w

h für harten Draht, w für weichen Draht

Nach den Meßergebnissen liegen die Keilwinkel bei Seiten- und Vorschneidern für harten Draht zwischen 60 und 90°, für weichen Draht zwischen 50 und 65°. Bemerkenswert ist, daß die Streuung bei Zangen gleicher Hersteller im Durchschnitt 20° beträgt.

Ferner wurden die Schneiden in weiche Aluminium-Blech-Streifen abgedrückt und die Eindrücke fotografisch vergrößert (Abb. 31).

Im Anlieferungszustand wurden bei Vorschneidern Schneidenradien von
0,26 bis 0,52 mm gemessen, nach etwa 50 Trennungen vergrößerten sich
die Radien auf 0,6 bis 0,8 mm.

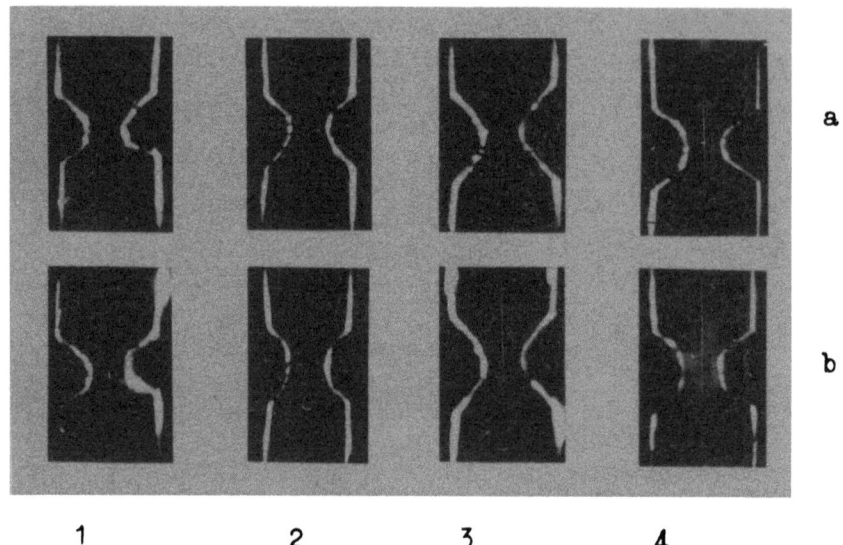

Abbildung 31
Schneidenabdrücke von 4 Vorschneidern
a vor und b nach 50 Trennungen

Es war daher erforderlich, den Einfluß der Keilwinkel und der Schneidenradien auf die Trennkraft bei verschieden festen Werkstoffen festzustellen. Dabei wurden die in Tabelle 2 aufgeführten Schneiden aus Hartmetall bzw. Schnellstahl verwendet.

Nachstehende Schneiden wurden zur Durchführung der Trennversuche in das
im Abschnitt 3 erwähnte Drahtprüfgerät eingesetzt, dessen Ungenauigkeit im Mittel $\pm$ 2,5 %, maximal $\pm$ 4 % betrug.

Tabelle 2

Schneiden für Trennversuche

Keil- winkel	Schneidenradius [mm]							Werkstoff
50°				0,4				Schnellstahl
60°	0,1	0,2	0,3	0,4	0,5	0,6	0,8	Hartmetall
80°				0,4				Schnellstahl

Schneidenradius

Die Trennkraft P wurde in Abhängigkeit von dem Drahtdurchmesser für **federharten Draht** (DIN 2076 Kl. II) in Abbildung 32 und für **Rundstahl poliert** (DIN 175) in Abbildung 33 dargestellt.

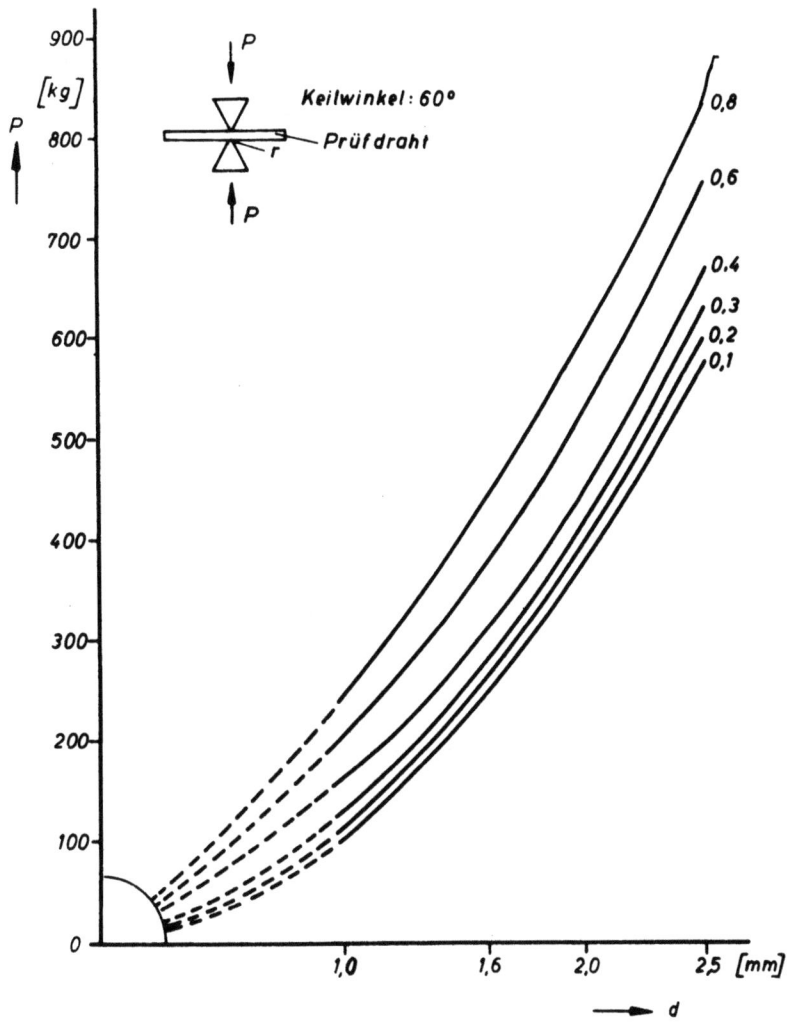

Abbildung 32
Trennkraft P für Federstahldraht (DIN 2076 Kl. II)
in Abhängigkeit vom Durchmesser d des Prüfdrahtes
bei verschiedenem Schneidenradius r

Wie ersichtlich, ist der Einfluß des Schneidenradius auf die Trennkraft beim Trennen kleiner Drahtdurchmesser größer als bei größeren Durchmessern.

Innerhalb der in der Praxis vorkommenden Schneidenradien von 0,2 bis 0,8 mm wurde der prozentuale Zuwachs der Trennkraft für einen Zuwachs des Radius von 0,2 auf 0,4 mm, von 0,4 auf 0,8 mm und von 0,2 auf 0,8 mm bei einem Schneidenkeilwinkel von 60° ermittelt und in Tabelle 3 zusammengestellt.

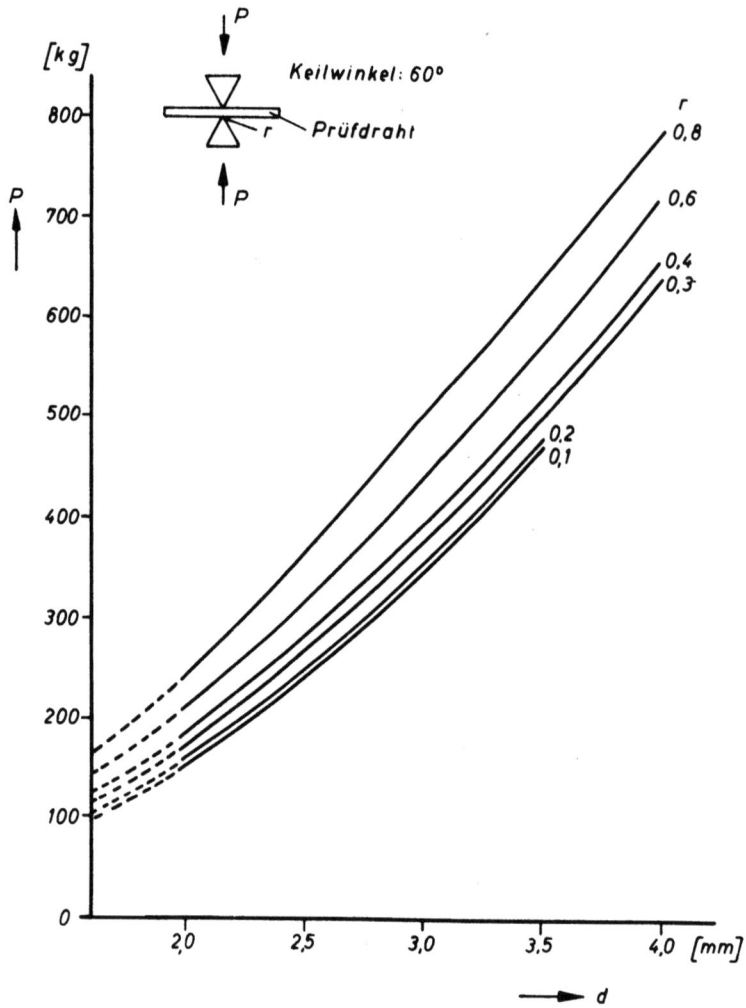

Abbildung 33
Trennkraft P für Rundstahl poliert (DIN 175)
in Abhängigkeit vom Durchmesser d des Prüfdrahtes
bei verschiedenem Schneidenradius r

Die Darstellung der Werte nachstehender Tabelle in Abbildung 34 veranschaulicht deutlich, daß der Schneidenradius bei kleinen Drahtdurchmessern entscheidend für die Trennkraft ist. Beispielsweise steigt die Trennkraft für einen harten Draht von 1 mm Durchmesser bei einer praktisch durch Verschleiß auftretenden Abrundung des Schneidenradius von 0,2 auf 0,4 mm um 38 % an, bei weiterer Abrundung von 0,4 auf 0,8 mm zusätzlich um 68 %, von 0,2 auf 0,8 mm um 125 % (nicht 38 + 68 = 106 %!). Bei einem Drahtdurchmesser von 2,5 mm steigt die Trennkraft bei gleicher Zunahme der Schneidenradien bei Federstahldraht nur um 10, 26 und 37 %, bei weichem Draht nur um 12, 28 und 46 % an.

Tabelle 3

Prozentualer Zuwachs der Trennkraft

Zuwachs des Schneidenradius [mm]		Zuwachs der Trennkraft [ca. %] × Drahtdurchmesser [mm]							
von	auf	× 1,0 a	1,6 a	2,0 a	b	2,5 a	b	3,0 b	4,0 b
0,1 - ...	0,2	13	8	5	8	3	4	2	1
0,2 ...	0,4	38	20	14	16	10	12	9	7
0,4 ...	0,8	68	42	33	35	26	28	25	22
0,2 ...	0,8	125	68	50	54	37	46	39	34
a bei federhartem Draht DIN 2076 Kl. II b bei Rundstahl, poliert DIN 175									

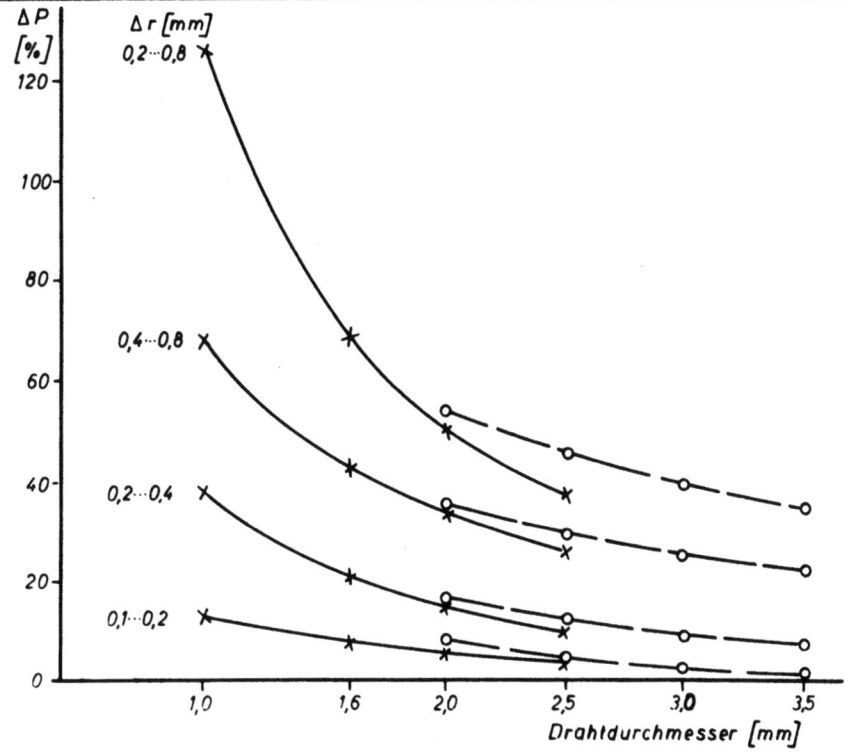

Abbildung 34

Zuwachs der Trennkraft [%] in Abhängigkeit vom Drahtdurchmesser
——— harter Draht DIN 2076; — — —Rundstahl, poliert DIN 175

Ferner entnehmen wir aus Abbildung 34, daß der prozentuale Anstieg der Trennkraft bei harten und weichen Drähten bei 2 mm Drahtdurchmesser etwa derselbe ist.

Keilwinkel

Um den Einfluß des Keilwinkels auf die Trennkraft festzustellen, wurden federharte und weiche Drähte von 2 mm Durchmesser mit Schneiden getrennt, deren Keilwinkel 35, 50, 60, 70, 80 und 100°, deren Radien 0,3 mm betrugen.

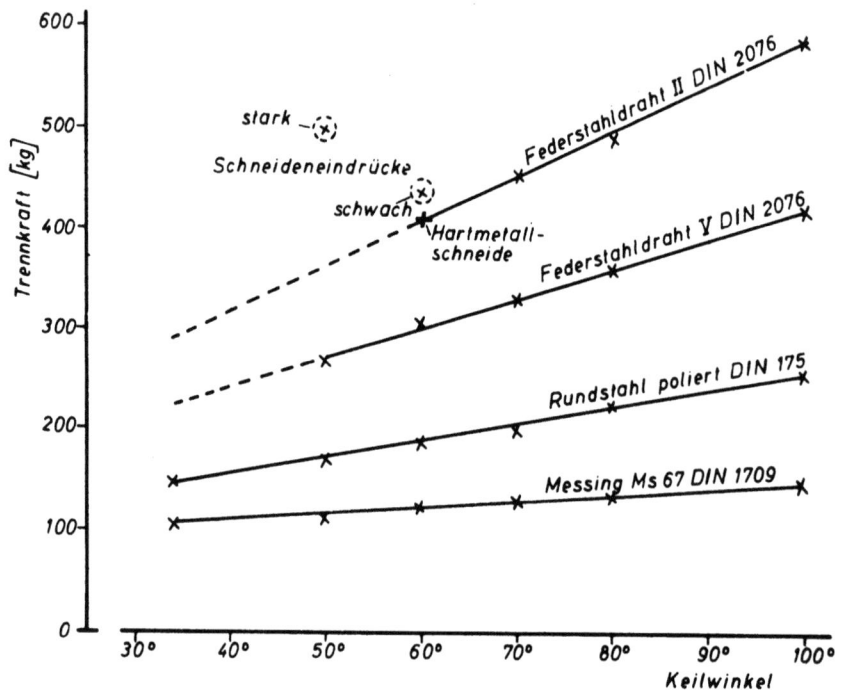

Abbildung 35
Einfluß des Keilwinkels auf die Trennkraft

Aus den in Abbildung 35 dargestellten Versuchsergebnissen entnehmen wir, daß die Trennkräfte für die in der Praxis verwendeten Schneidenformen proportional mit dem Keilwinkel zunehmen, und zwar um so stärker, je härter der Draht ist. In dem Bereich der Keilwinkel von 50 bis 80° beträgt die Zunahme der Trennkraft für einen Drahtdurchmesser von 2 mm bei weichem Draht (Ms 67) etwa 9 %, bei mittelhartem und federhartem Draht etwa 30 %.

Bemerkenswert ist, daß die in bezug auf die Trennkräfte günstigeren, kleineren Keilwinkel bei hartem Draht wegen der Gefahr der Schneideneindrücke bzw. Schneidenausbrüche nicht verwendet werden können. Die Wahl eines optimalen Schneidenkeilwinkels stellt also hinsichtlich Schneidfähigkeit und Schneidhaltigkeit einen Kompromiß dar.

Für die Praxis ergeben sich somit folgende Empfehlungen:
Keilwinkel an Schneiden für harten Draht sollten zwischen 70 und 80°
liegen. Mit diesen Schneiden können auch weichere Drähte ohne nennenswert höheren Kraftaufwand im Vergleich zu kleinen Keilwinkeln getrennt
werden. Werden bei weichem Draht glatte Trennflächen verlangt, so können
kleinere Keilwinkel als 60° verwendet werden; diese Schneiden dürfen
aber keinesfalls zum Trennen von hartem Draht benutzt werden, da die
Schneiden dann überbeansprucht würden. Die Standzeiten der Schneiden
steigen erfahrungsgemäß mit zunehmendem Keilwinkel und Schneidenradius.

5.12 Schneidenversetzung

Um den Einfluß der Schneidenversetzung (vgl. Abb. 4c) auf die Trennkraft festzustellen, wurden Schneiden mit 70° Keilwinkel und einem
Schneidenradius von 0,3 mm in das bereits erwähnte Drahtprüfgerät eingesetzt; die seitliche Versetzung v der Schneiden wurde mit einer Meßuhr ermittelt (Abb. 36a).

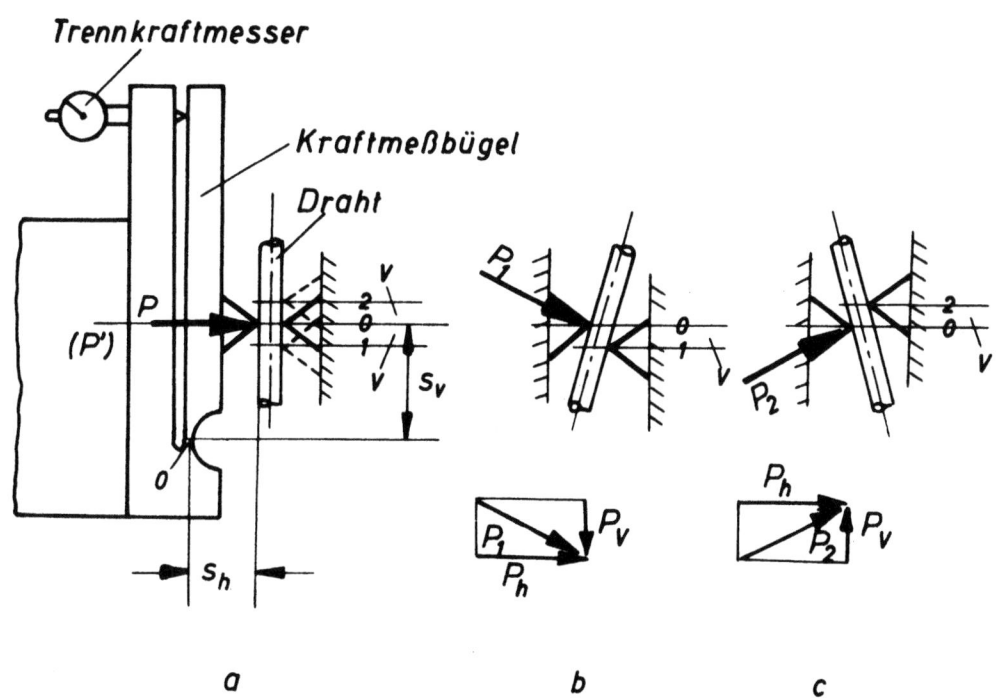

Abbildung 36
Kräfte an der Schneide
a) ohne Schneidenversetzung; b und c) mit Schneidenversetzung [v]

Die Trennkraftmessung beruht im Grunde genommen auf Messung von Momenten, bezogen auf den Punkt O, und zwar ist: Trennkraft x Hebelarm = angezeigte Kraft P x Hebelarm s_v. Stehen sich beide Schneiden genau gegenüber, was an der beim Trennen gleichbleibenden symmetrischen Drahtlage erkenntlich ist, dann sind die Hebelarme durch die Anordnung der Schneiden gegeben und bleiben konstant. Für diesen Sonderfall ist das Drahtprüfgerät so geeicht, daß es die Trennkraft P anzeigt.

Bei Schneidenversetzung, die eine Schräglage des Drahtes zur Folge hat, ergeben sich andere Meßwerte P', da die resultierenden, der Größe nach zwar gleichen Trennkräfte P_1 und P_2 ihrer Richtung nach verschieden sind.

Daraus ergibt sich eine Möglichkeit, mit dem Drahtprüfgerät bei Schneidenversetzung die Kraftkomponenten P_h und P_v unter Zugrundelegung der gemessenen Kräfte zu berechnen sowie die Schneidenbeanspruchung zu ermitteln. Allgemein gilt:

$$P' \cdot s_v - P_h \cdot s_v \pm P_v \cdot s_h = 0 \qquad (8)$$

Bezeichnet man die bei einer Schneidenversetzung um den Betrag v nach der Stelle 1 bzw. 2 (Abb. 36 b und c)) gemessenen Kraftkomponenten mit P'_1 bzw. P'_2, so ergibt sich aus Gleichung (8):

$$P'_1 \cdot s_v - P_h \cdot s_v - P_v \cdot s_h = 0 \qquad (9)$$

$$P'_2 \cdot s_v - P_h \cdot s_v + P_v \cdot s_h = 0 \qquad (10)$$

Addiert man die Gleichungen (9) und (10), so erhält man:

$$(P'_1 + P'_2) \cdot s_v - 2 P_h \cdot s_v = 0$$

umgeformt:

$$P_h = \frac{(P'_1 + P'_2)}{2} \qquad (11)$$

P'_1 und P'_2 werden durch Versuch bestimmt, s_h und s_v liegen ohnehin fest und betragen s_h = 39 mm, s_v = 40 mm.

Für Drahtdurchmesser von 2 mm, und zwar Rundstahl, poliert DIN 175 und Messingdraht Ms 67, wurden die Trennkräfte P'_1 und P'_2 bei 0, 0,4 und 0,8 mm Schneidenversetzung gemessen und in Tabelle 4 eingetragen sowie die nach Gleichung (9) bzw. (11) errechneten Kraftkomponenten P_h und P_v.

Tabelle 4

Drahtsorte (2 mm ∅)	Kräfte [kg] bei Schneidenversetzung [v]								
	v = 0	0,4 mm				0,8 mm			
	P	P_1'	P_2'	P_h	P_v	P_1'	P_2'	P_h	P_v
Rundstahl DIN 175	240	255	200	227,5	27,5	285	150	216	67
Messingdraht MS 67	145	145	120	132,5	12,5	150	93	120	29

Aus der Tabelle 4 ergibt sich bei Schneidenversetzung,

1. daß der Trennkraftaufwand sich verringert, $P_h < P$ (Scherwirkung),

2. daß die Seitenkräfte erhebliche Werte annehmen können.

Da das Widerstandsmoment gegen Seitenkräfte geringer ist als gegen Kräfte in Richtung der Schneiden, können die Schneidbacken infolge Überbeanspruchung zu Bruch gehen.

Bei einem Seitenschneider der Nennlänge 160 mm soll beispielsweise an der Spitze mit 0,4 mm Schneidenversetzung ein Rundstahldraht DIN 175 im Abstand a = 20 mm vom kritischen Querschnitt am Gewerbe getrennt werden. Gemäß Tabelle 4 beträgt die Kraftkomponente P_v = 27,5 kg.

Das Biegemoment wird somit 27,5 · 2 = 55 cm·kg. Das Widerstandsmoment W ist bei einer Höhe des gefährdeten Querschnittes von 0,5 cm und einer Breite von 1,0 cm

$$W = \frac{1 \cdot 0,5^2}{6} = 0,042 \text{ cm}^2$$

Somit wird die Biegespannung durch Schneidenversetzung

$$\sigma_s = \frac{M_b}{W} = 55 : 0,042 = 1320 \text{ kg/cm}^2$$

Die Biegespannung durch die Trennkraft errechnet sich zu:

$$\sigma_{tr} = \frac{227,5 \cdot 2}{0,083} = 5480 \text{ kg/cm}^2$$

Bei einer Schneidenversetzung von 0,8 mm ergeben sich:

$$\sigma_s = \frac{67 \cdot 2}{0,042} = 3200 \text{ kg/cm}^2 \quad \text{und} \quad \sigma_{tr} = \frac{216 \cdot 2}{0,083} = 5200 \text{ kg/cm}^2$$

Im gefährdeten Querschnitt wirkt die Summe beider Beanspruchungen δ_s und δ_{tr}, somit ergibt sich bei einer Schneidenversetzung von

$$0,4 \text{ mm (1. Beispiel) } 6800 \text{ kg/cm}^2$$
$$0,8 \text{ mm (2. Beispiel) } 8400 \text{ kg/cm}^2.$$

Die Beanspruchung durch Schneidenversetzung beträgt etwa 1/4 bzw. 2/3 der durch die Trennkraft hervorgerufenen.

5.13 Kerbkraftverlauf

Für den von Hand aufzubringenden Trennkraftaufwand ist u.a. das Übersetzungsverhältnis maßgebend, das bei einfachen Seitenschneidern vom Drahtabstand vom Gewerbemittelpunkt abhängt. Bei mehrfach übersetzten Vor- und Seitenschneidern, insbesondere bei Bolzenschneidern, ändert sich das Übersetzungsverhältnis außerdem mit dem Schenkelabstand bzw. mit dem Winkel zwischen den handbetätigten, kniehebelartig wirkenden Schenkeln.

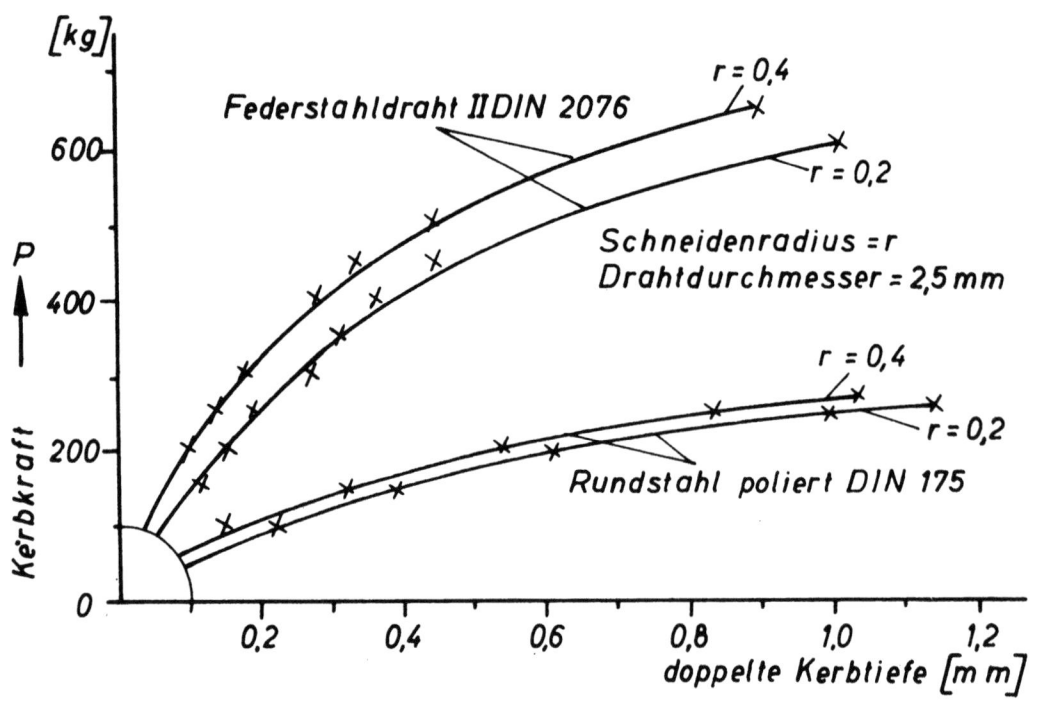

A b b i l d u n g 37
Kerbkraft in Abhängigkeit von der Kerbtiefe
Drahtdurchmesser 2,5 mm

Soll beispielsweise ein Draht mit bestimmtem Drahtdurchmesser getrennt werden, so kann dieser zunächst an einer Stelle der Schneide eingelegt und angeschnitten werden, die dem Drahtdurchmesser und dem größtmöglichen Winkel zwischen den Schneiden entspricht. Zum Durchtrennen kann der Draht nach dem Gewerbe hin verlagert werden.

Für diese Fälle interessiert der Kraftverlauf während des gesamten Trennvorganges. Zu diesem Zweck wurde die Kerbkraft (Kerbkraft ist die zum Einkerben erforderliche Kraft. Beim Erreichen ihres Höchstwertes, der Trennkraft, erfolgt die Trennung) mit dem Prüfgerät (Abb. 23) in Abhängigkeit von der Eindringtiefe festgestellt, und zwar für Federstahldraht DIN 2076 Kl. II und für Rundstahl, poliert DIN 175. Der Drahtdurchmesser betrug 2,5 mm, der Schneidenradius 0,2 und 0,4 mm. Gemessen wurde die Kerbkraft in Abhängigkeit von der doppelten Kerbtiefe, streng genommen von der Summe der durch beide Schneiden erzeugten Kerbtiefen[2]. Die Ergebnisse sind in Abbildung 37 dargestellt. Der Kurvenverlauf entspricht den mit dem selbsttätig arbeitenden Zangenprüfgerät ZP 4a aufgezeichneten Diagrammen des Kerbkraftaufwandes bei einem Seitenschneider (Nr. 25) der Nenngröße 200 mm (Abb. 38). Um den genauen Verlauf des Kraftanstieges bis zum Augenblick des Trennens zu erfassen, war es erforderlich, das Prüfgerät (Abb. 23) in bezug auf den Antrieb der Papiertrommel abzuändern.

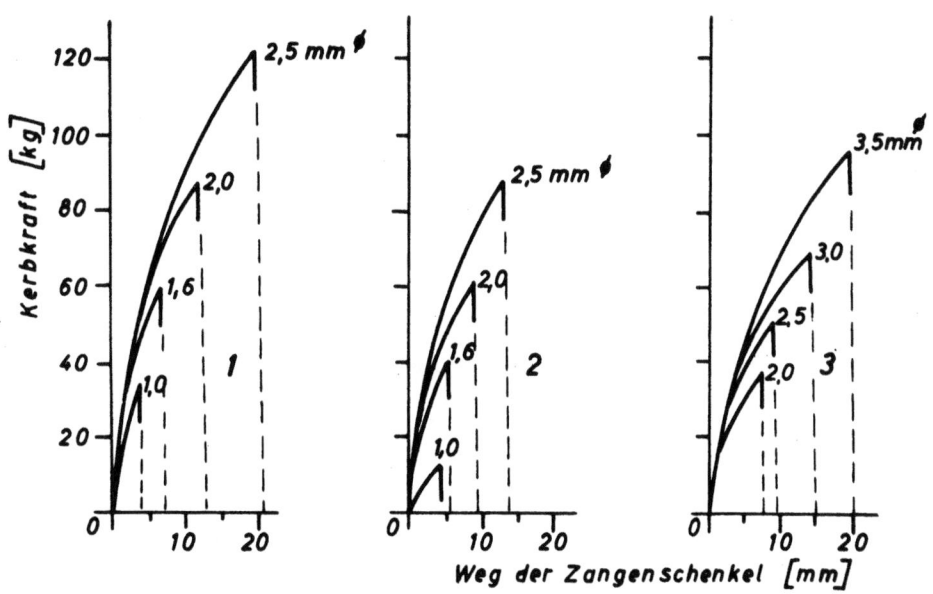

Abbildung 38
Kerbkraftdiagramme
1. harter Draht, Federstahldraht DIN 2076 Kl. II
2. mittelharter Draht,   "   DIN 2076 Kl. V
3. weicher Draht, Rundstahl poliert DIN 175

---

2. Diese wurden mit einer Meßuhr ermittelt, deren Tastspitze als Schneide ausgebildet war

Anstatt des langsamen Uhrwerkantriebes (Papiervorschub 314 mm/h) wurde die Trommel unmittelbar von der Bewegung der beiden Backen angetrieben, so daß der Papiervorschub gleich dem Weg der beiden Backen beim Schließen der Zange war.

Die Hebelarme (vgl. Abb. 7) betrugen a = 15 mm, b = 8,5a (gemäß TL. DIN 5240 15 mm und 9a).

Bei allen Versuchen wurden die Übersetzungsverhältnisse eingehalten, d.h. die Trennung erfolgte im gleichen Abstand a vom Gewerbemittelpunkt. Es wurden verschiedene Drahtdurchmesser und Drahtsorten verwandt.

5.2 Einfluß auf die Schneidhaltigkeit

Standzeituntersuchungen wurden an verschiedenen etwa gleichgroßen Seitenschneidern für harten Draht mit dem erwähnten Zangenprüfgerät ZP 4a (Abb. 23) durchgeführt. Aus den Versuchsprotokollen (vgl. Abb. 29) wurden in Abbildung 39 beispielhaft für einen Seitenschneider alle für die Praxis wesentlichen Änderungen der Arbeitseigenschaften eines Seitenschneiders in Abhängigkeit von der Zahl der Trennungen dargestellt, und zwar nach 1000; 2000; 3000; 4000 und 5000 Trennungen.

Der Trennkraftaufwand (Kurve 1) nimmt degressiv zu, was nach Vergleich mit anderen Trennkraftkurven (vgl. Abb. 29) als normal anzusehen ist. Sofern Normprüfdraht mit technologisch gleichen Eigenschaften verwendet wird, deuten Unstetigkeiten im Kurvenverlauf auf plötzliche Veränderungen im Arbeitsverhalten hin, z.B. verursacht durch Erhöhung der Reibung im Gewerbe, Schneidenversetzung, Ausbrüche etc..

Gleichzeitig wurde die durch Verschleiß der Schneide und des Gewerbes sowie durch bleibende Schenkeldurchbiegung hervorgerufene Änderung des Schenkelabstandes aufgezeichnet (Kurve 2). Die Tendenz ist ähnlich wie bei der Kurve (1).

Aus Schattenbild-Aufnahmen von den Schneiden (3) sind einerseits die Vergrößerungen des Lichtspaltes zwischen den Schneiden durch Verschleiß im Gewerbe, andererseits die Schneideneindrücke, sofern sie eine gewisse Größe erreichen,.zu entnehmen. Bei den Aufnahmen wurde darauf geachtet, daß sich die beiden Schneidbacken leicht berührten, und zwar ohne seitliche, dem Verschleiß entsprechend mögliche Versetzung.

Bei dem Seitenschneider gemäß Abbildung 39 betrug der Lichtspalt im Anlieferungszustand 0,05 mm, nach 2000 Trennungen 0,15 mm, nach 5000 Trennungen 0,4 mm, die Zunahme der Lichtspaltbreite durch Verschleiß

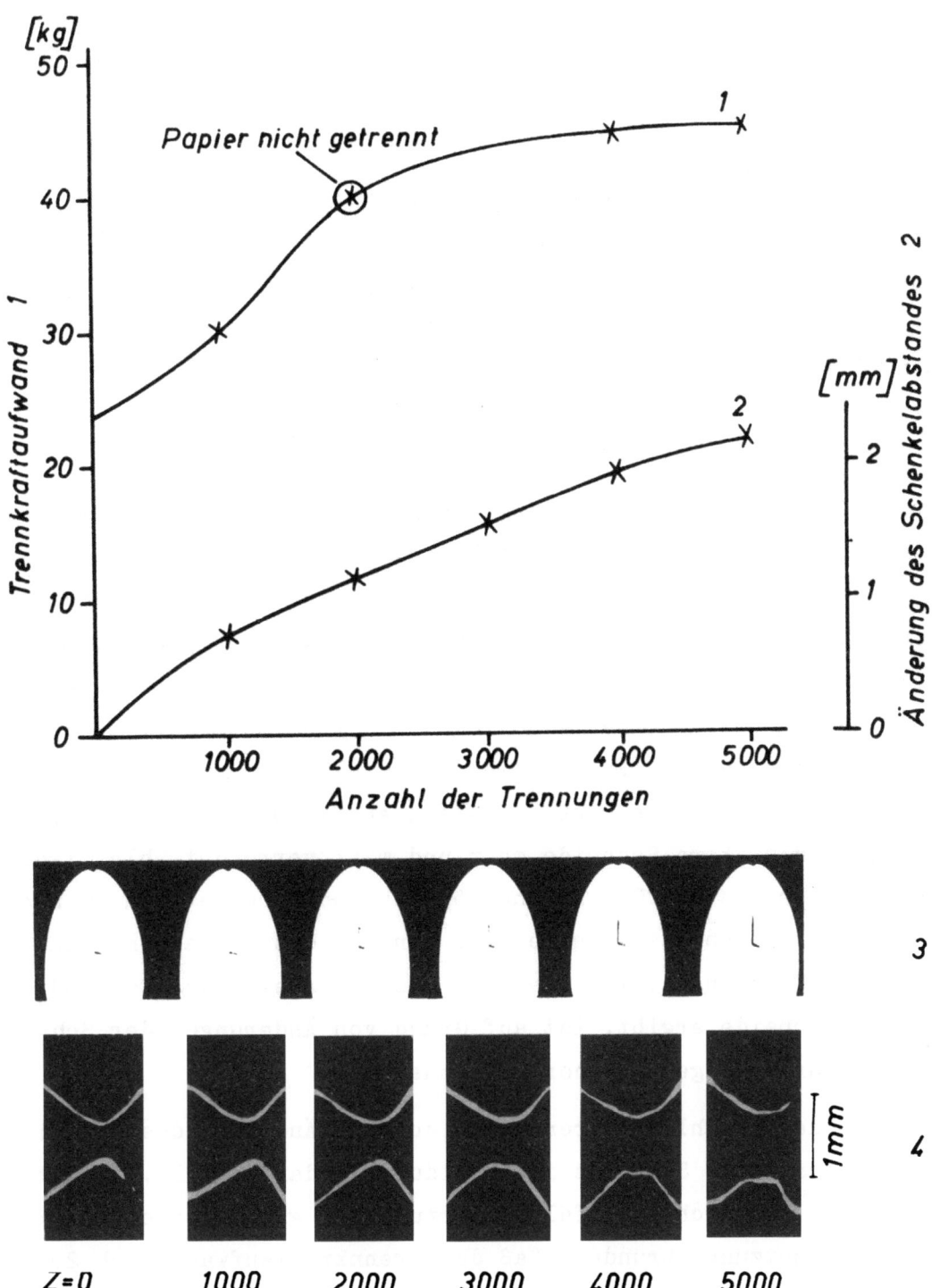

Abbildung 39

Einfluß der Anzahl der Trennungen auf die Arbeitseigenschaften eines Seitenschneiders der Nenngröße 130 mm

① Trennkraftaufwand
② Änderung des Schenkelabstandes
③ Schattenbildaufnahmen der Schneidbacken
④ Schneidenabdrücke

somit 0,35 mm. Für einen anderen Seitenschneider Nr. 126 (Nenngröße 130 mm) (s. Abb. 29) ergab sich ein Lichtspalt in der Nähe des Gewerbes im Anlieferungszustand von 0,05 mm, nach 5000 Trennungen von 0,2 mm, eine Zunahme durch Verschleiß von 0,15 mm.

Aus der Zunahme der Lichtspaltbreite kann man auf den Verschleiß im Gewerbe schließen bzw. die Zunahme des Spiels im Gewerbe (ca. 1,5 x Lichtspaltbreite) berechnen, von dem letzten Endes die Größe der Schneidenversetzung abhängig ist. Die Versetzung der Schneide betrug bei der letzten Zange nach 5000 Trennungen an der Spitze 0,3 mm. Mit der Schneidenversetzung steigt auch die Bruchgefahr der Schneidbacken im gefährdeten Querschnitt am Gewerbe.

Zur Ermittlung der Schneidenwinkel und der Schneidenradien wurden ferner die benutzten Trennstellen der Schneiden in Aluminiumstreifen abgedrückt und von den Abdrücken zur weiteren Auswertung Aufnahmen (4) mit einem Profilmikroskop gemacht, das nach dem Prinzip des Lichtspaltverfahrens arbeitet und die Winkel unverzerrt wiedergibt. Im Gegensatz zu den Schattenbildaufnahmen (3) liegen die zusammengehörigen Schneideneindrücke untereinander. Erstaunlich ist die Tatsache, daß sich die Schneiden derselben Zange nicht in gleichem Sinne zu verändern pflegen; während sich die obere Schneide mehr und mehr verrundet, bleibt die untere Schneide bis zu 2000 Trennungen fast unverrundet, um dann abzuflachen. Eine gleichmäßige degressive Zunahme des Schneidenradius mit der Zahl der Trennungen, wie sie sich aus der Auswertung von Abdrücken der oberen Schneide ergibt, ist auf Grund von Änderungen der Schneidenform bei anderen Zangen als normal anzusehen.

Der Einfluß der Anzahl der Trennungen auf die Änderung des Schneidenradius ist für diese Schneide in Abbildung 40 dargestellt. Es hat sich auch gezeigt, daß nicht sorgfältig verrundete, grathaltige Schneiden sich durch Abnutzung abrunden. Daß der Trennkraftaufwand nach 2000 Trennungen degressiv zunimmt, liegt an der gleichzeitig auftretenden Schneidenversetzung, bei der infolge Scherwirkung der Trennkraftaufwand geringer ist als bei sich genau gegenüberliegenden Schneiden. Die Beanspruchung der Schneidbacken kann allerdings erheblich zunehmen (vgl. Abschn. 1.3 und 5.12).

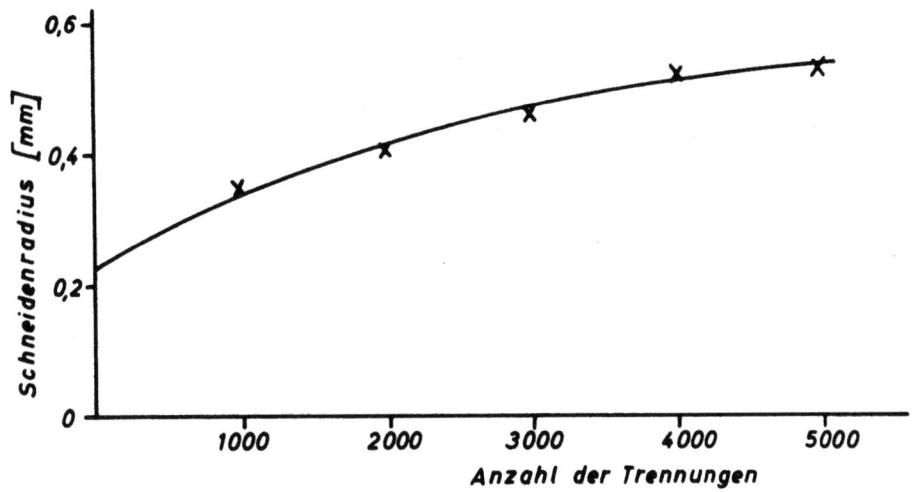

Abbildung 40

Einfluß der Anzahl der Trennungen auf den Schneidenradius

6. Folgerungen für die Praxis

Die Schneidfähigkeit wird bei einwandfrei gefertigten und wärmebehandelten Schneiden hauptsächlich von der Schneidenform und der Konstruktion bzw. Kinematik der Zange bestimmt.

Mit größer werdendem Keilwinkel nehmen die Trennkräfte bei hartem Draht erheblich zu. Kleinere Schneidenradien erfordern vergleichsweise geringeren Trennkraftaufwand, insbesondere bei kleinen Drahtdurchmessern.

Es bedarf keines besonderen Hinweises, daß die Ausführung des Gewerbes möglichst kräftig und der Abstand der Schneide vom Gewerbe möglichst klein sein sollen.

Die Schneidhaltigkeit hängt, abgesehen von dem Werkstoff und von der Wärmebehandlung, ebenfalls von der Schneidenform ab. Mit wachsendem Keilwinkel und Schneidenradius erhöht sich erfahrungsgemäß die Standzeit insbesondere bei Schneiden für harten Draht.

Da für die Schneidfähigkeit günstige Keilwinkel und Schneidenradien sich auf die Schneidhaltigkeit ungünstig auswirken, stellt die Wahl der in Bezug auf die Schneideigenschaften optimalen Form der Schneide (Keilwinkel, Schneidenradius) daher einen Kompromiß dar. Zum Trennen von hartem Draht werden Schneiden mit Keilwinkeln von 70 bis 80° und einem Schneidenradius von 0,3 bis 0,5 mm empfohlen; für weichen Draht: Schneidenkeilwinkel 50 bis 60°, Schneidenradius 0,2 bis 0,3 mm. Zangen für harten Draht können auch zum Trennen von weichem Draht verwendet werden. Zangen, die nur für weichen Draht bestimmt sind und kleinere Keilwinkel aufweisen, benötigen einen unwesentlich geringeren Kraftaufwand als Schneiden mit größerem Keilwinkel.

Die Schneide wird am geringsten beansprucht, wenn beide Waten bei der größten auftretenden Trennkraft symmetrisch zum Trenngut liegen und die Schneiden sich genau gegenüberstehen.

Nach verhältnismäßig wenigen Trennungen (ca. 50) an derselben Stelle der Schneide ändert sich die Form der Schneide an der beanspruchten Stelle je nach ihrer Härte und Form vor der Beanspruchung. Weist die Schneide im Anlieferungszustand keine gleichmäßige Rundung, sondern Kanten auf, die beim Zurichten der Schneiden nur bei großer Sorgfalt zu vermeiden sind, so werden diese normalerweise schon nach wenigen Trennungen abgerundet.

Das entwickelte Prüfgerät für schneidende Zangen liefert eindeutige Aussagen für die Schneidhaltigkeit von Zangen, nämlich für Verlauf des Trennkraftaufwandes, für Trennzahlen, für Schenkeldurchbiegung und gestattet in Verbindung mit den anderen erwähnten Meßeinrichtungen die Schneidenformveränderungen, den Reibungseinfluß, den Verschleiß im Gewerbe etc. festzustellen.

Nach bisherigen Ergebnissen können diese Eigenschaften nach 2000 bis 5000 Trennungen bei einem Zeitaufwand von 3 bis 8 Stunden beurteilt werden. Inwieweit sich das Prüfverfahren abkürzen läßt, kann erst auf Grund von längeren Erfahrungen aus betriebsmäßigen Prüfungen entschieden werden.

Schneidenabdrücke oder Ablichtungen der Schneiden sind für Dauerprüfungen nicht erforderlich, wohl aber werden Papierschnittversuche z.B. nach 5; 10; 20; 50; 100; 200; 500; 1000; 2000 Trennungen empfohlen.

Wegen der im Vergleich zur Schneidfähigkeitsprüfung nach DIN 5240 längeren Prüfzeit wird die Prüfung der Schneidhaltigkeit weniger für die Abnahme als vielmehr für die Fabrikationsüberwachung bei Umstellung von Werkstoff, Wärmebehandlung und bei Konstruktionsänderungen sowie beim Trennen neu entwickelter Drahtsorten in Frage kommen.

7. Zusammenfassung

Aus den verschiedenen Schneidenanordnungen bei Seiten-, Vor- und Hebelschneidern ergeben sich für den Trennvorgang unterschiedliche Kräfteverteilungen für die Beanspruchung der Schneiden. Bei symmetrischer Schneidenlage zum Trenngut ist die Beanspruchung der Schneide und des Gewerbes am geringsten. Für die Zusammenhänge der Drahtdurchmesser und Hebelübersetzungsverhältnisse mit dem Trennkraftaufwand wurden Formeln aufgestellt (Abschnitt 1).

Anstelle der bisherigen uneinheitlichen subjektiven Prüfmethoden, die wegen ihrer nicht reproduzierbaren Prüfwerte oft zu abweichenden Beurteilungen der Güte und Leistung des Werkzeuges führten, wurden für acht Größen der Seiten- und Vorschneider auf Grund von Reihenuntersuchungen in Zusammenarbeit mit der einschlägigen Industrie Prüfwerte und Prüfbedingungen festgelegt, die in den Technischen Lieferbedingungen für schneidende Zangen DIN 5042 ihren Niederschlag gefunden haben. Somit ist es möglich, die Qualität von schneidenden Zangen einheitlich und reproduzierbar mit Normprüfdrähten zu prüfen. Zur Feststellung der zum Trennen von Hand am Zangenschenkel aufzuwendenden Kraft wurde ein Prüfverfahren vorerst für schneidende Zangen entwickelt (Abschnitt 2).

Es wurde nachgewiesen, daß zwischen den im Normblatt DIN 2076 enthaltenen Werten für die Zugfestigkeit von Drähten und ihrem Trennverhalten kein gesetzmäßiger Zusammenhang besteht. Für weiche Drähte sind die Zugfestigkeiten normenmäßig nicht festgelegt. Daher wurde ein einfaches, im Gegensatz zur klassischen Prüfung dem Trennvorgang entsprechendes Prüfverfahren für den Trennwiderstand entwickelt. Hierfür wurde das Grundgerät für die Prüfung von schneidenden Zangen durch eine Zusatzeinrichtung für die Drahtprüfung erweitert (Abschnitt 3).

Normalprüfdrähte mit definierten technologischen Eigenschaften wurden festgelegt und in den "Technischen Lieferbedingungen für schneidende Zangen DIN 5240" aufgenommen. Die zerstörungsfreie Kontrolle der Gleichmäßigkeit der Prüfdrähte über die ganze Drahtlänge erwies sich als unerläßlich und kann durch Prüfung der ferromagnetischen Eigenschaften vorgenommen werden (Abschnitt 3).

Der Trennwiderstand eines Drahtes ist seinem Querschnitt etwa proportional. Werden Prüfdrähte verwendet, deren Trennwiderstand von dem Normal um einen bestimmten Faktor abweicht, so müssen auch die für den Trennkraftaufwand festgelegten Werte des Normenentwurfs um denselben Faktor berichtigt werden (Abschnitt 3).

Somit ist es möglich, insbesondere auch bei Standzeitprüfungen mit ungleichen Drähten vergleichbare Ergebnisse zu erhalten. Bei Verwendung von Drähten mit höherem Trennwiderstand können Dauerprüfungen abgekürzt werden.

Auf Grund von Voruntersuchungen über verschiedene Prüfmethoden für die Schneidhaltigkeit schneidender Zangen wurde ein für die Praxis geeignetes Verfahren ermittelt und eine automatische Prüfeinrichtung entwickelt, mit der der Verlauf des Trennkraftaufwandes, die Änderung des Reibungsbeiwertes (hervorgerufen durch Reibung im Gewerbe) und des Schenkelabstandes (durch Verschleiß im Gewerbe, Drahteindruck an der Schneide, bleibende Schenkeldurchbiegung) in Abhängigkeit von der Zahl der Trennungen registriert werden kann (Abschnitt 4).

Die Schneidfähigkeit verschlechtert sich mit der Zahl der Trennungen, und zwar nimmt der Trennkraftaufwand degressiv zu, desgleichen der Verschleiß und der Schneideneindruck. Durch Verschleiß bzw. Spiel im Gewerbe wird eine Schneidenversetzung hervorgerufen, die sich insbesondere bei Seitenschneidern ungünstig auswirkt.

Rechnerisch und experimentell wurde nachgewiesen, daß die bei Schneidenversetzung zusätzlich auftretende Scherwirkung je nach ihrer Größe die Beanspruchungen der Schneide, der Schneidbacken und des Gewerbes erheblich - bis zur Zerstörung - erhöhen kann, obwohl der Trennkraftaufwand vergleichsweise in normalen Grenzen bleibt.

Aus photographischen Schattenbildaufnahmen des Lichtspaltes zwischen den Schneidbacken nach verschiedenen Trennzahlen können das Spiel im Gewerbe und der Drahteindruck an der Schneide der Größe nach ermittelt werden.

Die Schärfe über die ganze Schneidenlänge kann nach dem klassischen Papierschnittversuch beurteilt werden (Abschnitt 4).

Durch Abnutzung änderten sich die Schneidenformen nicht nur bei Zangen verschiedener Fabrikate unterschiedlich, es wurden auch verschiedene Abnutzungsformen bei beiden Schneiden von ein und derselben Zange festgestellt. Daher sind eindeutige Zusammenhänge zwischen dem Trennkraftaufwand und den Schneideneindrücken nicht immer ohne weiteres erkennbar, zumal sich auch der Verschleiß und die Reibung im Gewerbe unregelmäßig verändern können.

Die Schneidhaltigkeitsprüfung verschiedener Zangen führte zu Erkenntnissen über die Zweckmäßigkeit der Prüfmethoden in ihren Einzelheiten und zu Verbesserungen des Prüfgerätes: abgekürzte Prüfdauer durch Spezialmotor mit schnellem Rücklauf, vereinfachte Justierarbeiten.

Wegen der entgegengesetzten Auswirkung des Schneidenkeilwinkels und des Schneidenradius auf die Schneidfähigkeit einerseits und auf die Schneidhaltigkeit andererseits stellen die empfohlenen Schneidenformen einen Kompromiß dar (Abschnitt 5 und 6).

In vorliegender Arbeit wurden erstmalig die Probleme der Schneideigenschaften von schneidenden Zangen und ihre Prüfung behandelt. Nach grundsätzlichen theoretischen Betrachtungen des Trennvorganges unter Anwendung der Gesetze der Mechanik und Beachtung technologischer Erkenntnisse wurden die Beanspruchungsarten der verschiedenen Schneiden experimentell unter Berücksichtigung der bei Dauerbeanspruchung auftretenden Veränderungen der Arbeitseigenschaften untersucht.

Im Hinblick auf eine Verbesserung der Schneideigenschaften bleibt es weiteren Arbeiten vorbehalten, die noch offenen Fragen:

> Verhalten von Zangen aus verschiedenen Werkstoffen und mit verschiedenen Wärmebehandlungen besonders bei Dauerbeanspruchungen

zu untersuchen und auch für andere ähnliche Handwerkzeuge (Bolzenschneider) entsprechende Prüfverfahren zu entwickeln sowie Richtwerte für ihre Prüfung aufzustellen.

Dr.-Ing. Eginhard BARZ

8. Literaturverzeichnis

[1] BARZ — Prüfverfahren für die Schneidfähigkeit schneidender Handwerkzeuge.
Industrie-Anzeiger, Essen. Ausgabe Werkzeugmaschinen und Fertigungstechnik
$\underline{79}$ (1957) Nr. 56, S. 28-30

[2] BERNETT — Maschinenmesser; Ordnung, Geometrie und Einsatz.
Diplom-Arbeit. Lehrstuhl für Werkzeugmaschinen und Fertigungstechnik der Technischen Hochschule. Hannover 1948

[3] EISENHUTH — Stahldraht als ständiger Begleiter des technischen Fortschritts.
Industrie-Anzeiger, Essen. 79. Jahrgang Nr. 84 vom 18.10.57

[4] HENDRICHS — Über ein Verfahren zur Prüfung der Schneidfähigkeit von Messerklingen.
Maschinenbau $\underline{7}$ (1928) S. 1012 (und Berichtigung S. 1051)

[5] KNAPP — Schneidfähigkeit und Schneidhaltigkeit von Messerklingen.
Dissertation TH Aachen 1928. Buchdruckerei der Bergischen Zeitung 1928, Wald (Rhld.)

[6] POMP — Stahldraht, seine Herstellung und Eigenschaften.
Verlag Stahleisen m.b.H., Düsseldorf, 2. Auflage 1952

[7] WÜTERICH — Neue Erkenntnisse über den ziehenden Schnitt bei Blechtafelscheren. Werkstatt und Betrieb, 90. Jahrgang (1957) Heft 8, S. 490-493

[8] — Federal Specification für schneidende Zangen und Bolzenschneider.
Federal-Standard-Stork-Catalog Section IV

FORSCHUNGSBERICHTE DES LANDES NORDRHEIN-WESTFALEN

Herausgegeben durch das Kultusministerium

EISENVERARBEITENDE INDUSTRIE

HEFT 39
Forschungsgesellschaft Blechverarbeitung e. V., Düsseldorf
Untersuchungen an prägegemusterten und vorgelochten Blechen
1953, 46 Seiten, 34 Abb., DM 9,50

HEFT 43
Forschungsgesellschaft Blechverarbeitung e. V., Düsseldorf
Forschungsergebnisse über das Beizen von Blechen
1953, 48 Seiten, 38 Abb., 3 Tabellen, DM 11,30

HEFT 51
Verein zur Förderung von Forschungs- und Entwicklungsarbeiten in der Werkzeugindustrie e. V., Remscheid
Untersuchungen an Kreissägeblättern für Holz, Fehler- und Spannungsprüfverfahren
1953, 50 Seiten, 23 Abb., DM 10,—

HEFT 56
Forschungsgesellschaft Blechverarbeitung e. V., Düsseldorf
Untersuchungen über einige Probleme der Behandlung von Blechoberflächen
1954, 52 Seiten, 42 Abb., DM 11,20

HEFT 60
Forschungsgesellschaft Blechverarbeitung e. V., Düsseldorf
Untersuchungen über das Spritzlackieren im elektrostatischen Hochspannungsfeld
1954, 82 Seiten, 53 Abb., 7 Tabellen, DM 17,—

HEFT 61
Verein zur Förderung von Forschungs- und Entwicklungsarbeiten in der Werkzeugindustrie e. V., Remscheid
Schwingungs- und Arbeitsverhalten von Kreissägeblättern für Holz
1954, 54 Seiten, 31 Abb., DM 11,40

HEFT 65
Fachverband Schneidwarenindustrie, Solingen
Untersuchungen über das elektrolytische Polieren von Tafelmesserklingen aus rostfreiem Stahl
1954, 90 Seiten, 38 Abb., 9 Tabellen, DM 17,35

HEFT 87
Gemeinschaftsausschuß Verzinken, Düsseldorf
Untersuchungen über Güte von Verzinkungen
1954, 68 Seiten, 56 Abb., 3 Tabellen, DM 15,30

HEFT 98
Fachverband Gesenkschmieden, Hagen
Die Arbeitsgenauigkeit beim Gesenkschmieden unter Hämmern
1955, 132 Seiten, 55 Abb., 9 Tabellen, DM 24,75

HEFT 116
Prof. Dr.-Ing. E. Siebel und Dr.-Ing. H. Weiss, Stuttgart
Untersuchungen an einigen Problemen des Tiefziehens — I. Teil
1955, 74 Seiten, 50 Abb., 6 Tabellen, DM 14,50

HEFT 117
Dr.-Ing. H. Beißwänger, Stuttgart und Dr.-Ing. S. Schwandt, Trier
Untersuchungen an einigen Problemen des Tiefziehens — II. Teil
1955, 92 Seiten, 34 Abb., 8 Tabellen, DM 17,70

HEFT 150
Prof. Dr.-Ing. O. Kienzle und Dipl.-Ing. F. W. Timmerbeil, Hannover
Das Durchziehen enger Kragen an ebenen Fein- und Mittelblechen
1955, 52 Seiten, 20 Abb., 8 Tabellen, DM 11,30

HEFT 177
Dipl.-Ing. H. Stüdemann, Solingen und Dr.-Ing. W. Müchler, Essen
Entwicklung eines Verfahrens zur zahlenmäßigen Bestimmung der Schneideigenschaften von Messerklingen
1956, 104 Seiten, 68 Abb., 4 Tabellen, DM 22,20

HEFT 224
Dipl.-Ing. H. Stüdemann und Ing. R. Beu, Solingen
Verfahren zur Prüfung der Korrosionsbeständigkeit von Messerklingen aus rostfreiem Stahl
1956, 82 Seiten, 28 Abb., DM 16,90

HEFT 225
Dr.-Ing. E. Barz, Remscheid
Der Spannungszustand von Gattersägeblättern
1956, 74 Seiten, 54 Abb., DM 16,50

HEFT 277
Dr.-Ing. W. Müchler, Essen
Untersuchung und zahlenmäßige Bestimmung der Schneideigenschaften von Messern mit besonderer Berücksichtigung rostfreier Messerstähle
1956, 60 Seiten, 27 Abb., 5 Tabellen, DM 13,20

HEFT 283
Prof. Dr. F. Wever und Dr.-Ing. W. Lueg, Düsseldorf
Warmstauchversuche zur Ermittlung der Formänderungsfestigkeit von Gesenkschmiede-Stählen
1956, 44 Seiten, 19 Abb., DM 9,90

HEFT 285
Prof. Dr.-Ing. O. Kienzle, Dr.-Ing. K. Lange, Hannover und Dipl.-Ing. H. Meinert, Osterode
Einfluß der Oberfläche auf das Verschleißverhalten von Schmiedegesenken
1956, 62 Seiten, 29 Abb., 8 Tabellen, DM 14,60

HEFT 286
Dr.-Ing. K. Lange, Hannover, Dipl.-Ing. H. Meinert, Osterode, unter Mitarbeit von Dr.-Ing. H. Arend, Mülheim (Ruhr)
Verschleißverhalten hartverchromter Schmiedegesenke
1956, 74 Seiten, 53 Abb., 6 Tabellen, DM 17,65

HEFT 321
Prof. Dr. F. Wever, Düsseldorf und Dr. W. Wepner, Köln
Gleichzeitige Bestimmung kleiner Kohlenstoff- und Stickstoffgehalte im a-Eisen durch Dämpfungsmessung
1956, 30 Seiten, 3 Abb., 4 Tabellen, DM 6,80

HEFT 322
Prof. Dr.-Ing. F. Bollenrath und Dipl.-Ing. W. Domke, Aachen
Eigenspannungen in vergüteten, dickwandigen Stahlzylindern nach Oberflächenhärtung mit induktiver Erwärmung
1956, 30 Seiten, 9 Abb., 2 Tabellen, DM 6,90

HEFT 360
Dr.-Ing. E. Barz, Remscheid
Fertigungsverfahren und Spannungsverlauf bei Kreissägeblättern für Holz
1957, 68 Seiten, 40 Abb., DM 17,—

HEFT 367
Dr. rer. nat. D. Horstmann, Düsseldorf
Der Angriff eisengesättigter Zinkschmelzen auf kohlenstoff-, schwefel- und phosphorhaltiges Eisen
1957, 52 Seiten, 22 Abb., 6 Tabellen, DM 12,85

HEFT 375
Technischer Überwachungsverein e. V., Essen
Wanddickenmessungen mittels radioaktiver Strahlen und Zählrohrgerät
1958, 38 Seiten, 15 Abb., DM 9,55

HEFT 376
Technischer Überwachungsverein e. V., Essen
Wasserumlaufprobleme an Hochdruckkesseln
1958, 140 Seiten, 56 Abb., 8 Tabellen, DM 32,60

HEFT 377
Technischer Überwachungsverein e. V., Essen
Versuche an Wanderrostkesseln mit befeuchteter Verbrennungsluft
1958, 36 Seiten, 19 Abb., 2 Tabellen, DM 12,20

HEFT 395
Dipl.-Ing. L. Hahn, Clausthal-Zellerfeld
Untersuchungen zur Frage des optimalen Bohrloch- und Patronendurchmessers
1957, 132 Seiten, 49 Abb., 19 Tabellen, DM 31,25

HEFT 445
Dr.-Ing. E. Barz, Remscheid
Fertigungs- und Prüfverfahren für Feilen
vergriffen

HEFT 447
Prof. Dr.-Ing. F. Bollenrath, Aachen, Dr.-Ing. H. Füllenbach, Sessen/Harz und Dipl.-Ing. J. Schumacher, Neubeckum/Westf.
Entwicklung rationell arbeitender Spritzkabinen
1958, 44 Seiten, 26 Abb., DM 13,55

HEFT 473
Prof. Dr. phil. F. Wever, Dr.-Ing. W. Lueg und Dipl.-Ing. P. Funke jr., Düsseldorf
Versuche an einer hydraulischen 25 t-Stangenziehbank
1957, 34 Seiten, 11 Abb., DM 8,95

HEFT 557
Dr.-Ing. H. Schiffers, Dipl.-Ing. D. Ammann, Dipl.-Ing. E. Brugger und Dipl.-Ing. R. Dicke, Aachen
Härtbarkeit von Gußeisen mit Lamellen- und Kugelgraphit in Abhängigkeit von Zusammensetzung und Gefüge
1958, 30 Seiten, 24 Abb., 1 Tabelle, DM 11,—

HEFT 630
Prof. Dr. phil. W. Koch und Dr. techn. Dipl.-Ing. H. Malissa, Düsseldorf
Beiträge zur Spurenanalyse im Reinsteisen
in Vorbereitung

HEFT 639
Prof. Dr.-Ing. habil. K. Krekeler, Dr.-Ing. H. Peukert und Dipl.-Ing. O. Schwarz, Aachen
Auswertung der in- und ausländischen Literatur auf dem Gebiete des Metallklebens
1958, 166 Seiten, DM 37,80

HEFT 655
Dr. rer. pol. A. Th. Wuppermann, Prof. Dr.-Ing. M. Pfender Reg.-Rat Dipl.-Ing. E. Amedick im Auftrag des Vereins Deutscher Eisenhüttenleute, Düsseldorf
Untersuchung des Einflusses von Oberflächenfehlern auf die Dauerhaltbarkeit von Kurbelwellen

HEFT 680
Prof. Dr. phil. W. Koch, Dr.-Ing. A. Krisch, Düsseldorf
Änderungen im Gefügeaufbau austenitischer Chrom-Nickel-Stähle bei Zeitstandversuchen von mehrjähriger Dauer
in Vorbereitung

HEFT 681
Prof. Dr.-Ing. H. Schenck, Dr.-Ing. W. Wenzel, Aachen
Die Reduktion von Eisenerzen im Elektro-Fließbett
in Vorbereitung

HEFT 693
Prof. Dr.-Ing. O. Kienzler, Düsseldorf
Einige Untersuchungen über das Schneiden von Blechen

Ein Gesamtverzeichnis der Forschungsberichte, die folgende Gebiete umfassen, kann bei Bedarf vom Verlag angefordert werden:
Acetylen / Schweißtechnik – Arbeitspsychologie und -wissenschaft – Bau / Steine / Erden – Bergbau – Biologie – Chemie – Eisenverarbeitende Industrie – Elektrotechnik / Optik – Fahrzeugbau / Gasmotoren – Farbe / Papier / Photographie – Fertigung – Gaswirtschaft – Hüttenwesen / Werkstoffkunde – Luftfahrt / Flugwissenschaften – Maschinenbau – Medizin – Pharmakologie / Physiologie – NE-Metalle – Physik – Schall / Ultraschall – Schiffahrt – Textiltechnik / Faserforschung / Wäschereiforschung – Turbinen – Verkehr – Wirtschaftswissenschaften.

MIX
Papier aus verantwortungsvollen Quellen
Paper from responsible sources
FSC® C105338

If you have any concerns about our products,
you can contact us on
ProductSafety@springernature.com

In case Publisher is established outside the EU,
the EU authorized representative is:
**Springer Nature Customer Service Center GmbH
Europaplatz 3, 69115 Heidelberg, Germany**

Printed by Libri Plureos GmbH
in Hamburg, Germany